Judy 朱的神采智慧穿衣論

最美
我自信

橫跨時光的流行，讓自己成為經典

—Judy朱自序

身為一個專業的時尚造型設計師，我看過許多人深陷在所謂的「趕流行」之中，包含我自己，也曾經瘋狂追逐著時尚雜誌所報導的流行服飾。

然而，累積多年的專業經驗，逐步認識自己、了解時尚後，我發現，要讓自己展現美麗與魅力，並非一定要依靠名牌或者是當季的流行服飾；流行服飾在某種層面是必要的，因為透過當季的服飾，我們可以更容易和社會、和他人對話，但一昧地模仿某個明星、或者是抄襲某一本時尚雜誌的名人，這樣呈現出來的樣貌，怎會是真實的自己？

不論是剛剛萌發穿衣意識的少女、或是長期不了解自己特質的女人，都很容易被媒體及廣告洗腦，投射出一個被商業化的自我形象。甚或導果為因，將他人對「美」的定義，當作是自己的「美」，以至於產生誤解，對自己的身材自卑，對外在也很苛求。我自己就曾經經歷過這樣的誤解期而痛苦不堪，因此我更希望幫助大家，不再重蹈我走過的冤枉路，建立正確的美的觀念。

在本書當中，我一再強調：做自己，才是永不褪流行的名牌；以及，特別著力於說明：透過愛與感謝，讓衣物永保新鮮。

這是相輔相成的兩個觀念,做自己,聽起來很簡單,但是許多人都會在團體中受到他人的影響;我們必須要有一個堅強的自我,了解生命就是一種奇蹟,你是獨一無二的,自信才會油然而生,展現最美的自己,我們也才能靈活運用每一個流行元素使自己更美麗,而非盲目追隨流行堆疊出一個陌生的自我。

感謝你的衣物則是一種新的延伸,我自己有一個獨特的愛與感謝儀式,在這套每天都會施行的儀式中,我和衣物保持著一個親密、互動的關係,因為這樣的儀式,讓我的服飾都可以使用好幾年,甚至更久。當然,我會選用較佳的材質,但是唯有真心誠意地對待衣物,才是它們可以長久陪伴你的原因。

從認識自己、了解自己、接受自己,到覺知自我,開啟與衣物的緊密連結,這一路走來,我所有的心路歷程、想法與真理,都展現在本書中。因而,誠摯地希望每一個朋友,都能透過本書讓自己更自信,也透過本書更了解自己的美!讓「最美,我自信」的氛圍充滿在你的生活中。

最後,要感謝參與本書的每一位出版社成員、每一個提供美麗圖像的友善廠商及為我加油、打氣的朋友們。

美麗新法 ── 心與物的交融

—養生達人 陳月卿

跟 Judy 一起玩「美」，不知不覺已經 15 年了，卻總覺得每年都有學不完的「眉眉角角」，才發現即使是小小的穿衣一事，也有許多學問。

我懶得為穿衣花太多心思，卻希望能穿著得體，有自己的風格和品味，而且不需要花太多預算。就這樣 Judy 和我一拍即合，15 年來一直扮演我的造型顧問，陪我逛街購物、做整體搭配，節省了我許多時間。

我一直覺得 Judy 有一雙電眼。在一排衣物中，她總能飛快地挑出適合我的服飾。有些我覺得一輩子也不可能穿的衣服，在她的慫恿下試穿，卻發現原來我還真能穿出那種味道。

Judy 還有一雙魔手。任何服裝、圍巾，她只要抖幾下、往身上一披，就立刻跟她合成一體。明明是我的包包，她一拎、一揹，立刻變化出另一種風情，與她搭配得天衣無縫。我非常好奇這是怎麼辦到的，她說：這是因為她了解它們，所以知道該怎麼跟它們溝通、該怎麼表現它們。

服裝、飾品也需要溝通？Judy 說：「一點也沒錯。如果妳了解它、珍視它，它就會表現出最好的一面。」就像精品店內的物品，備受呵護，用最好的陳設和燈光去陪襯它，甚至要戴上白手套才能觸碰它，因此看起來貴氣逼人；可是一旦過季，胡亂地堆疊在一起，看起來就可憐兮兮、一點也不起眼。所以，對待衣服的方式，以及和衣服互動的態度，都會影響衣服呈現的美感。

她說：就像玉要養、才會顯現美麗的光澤；衣服也需要溫柔的撫觸和讚美，才能展現亮麗的風華。她建議我每次選定要穿的衣服之後，先溫柔地撫觸它，接著用愉悅的心情和關愛的眼神欣賞它；然後輕輕地抖開、幫衣服舒展一下；再跟它說說話、幫它打氣。穿過的衣服也要好好地對待，感謝它今天的陪伴和付出。這樣就算是幾年或十幾年的舊衣服，還是能常保如新，讓妳散發獨特、時尚的魅力。

這樣的說法相當顛覆。不過，有些方法之前我曾看她施作過，每次試穿衣物時，她也會略作提示，而且真的有效。所以我抱著姑妄聽之的態度，回家對一些老衣服施行這套儀式，說也奇怪，我真的更能融入這些衣服，下次見到 Judy 時，她也能敏銳地察覺衣服因此產生的變化。

我無法用現行的理論解釋這個現象。不過，佛法說：萬法唯心造；又說：愛與感恩的心念最強。也許沒有生命力的衣物、服飾，也能感受到愛與感恩的心念；又或許，因為內心充滿愛與感恩，所以進入我們眼簾的東西、以及跟我們產生關聯的物品都變得更美了。

不管道理是甚麼，也不管有理沒理，總之，我相信這一套儀式，也用它讓我的衣物歷久彌新，讓我的生活更環保、更美麗！

自信為一切的來源

―偶像藝人 劉品言

Judy 姐是我媽媽的多年好友，記得第一次看到 Judy 姐時，我還沒有出道；那是十年前的事，但記憶裡的每一段話、每個味道，都還歷歷在目。

平常跟媽媽吃飯沒什麼記憶太深刻的事，但那天的晚餐，Judy 姐讓我印象深刻。入秋的晚上，她身上那件帶有絲綢感的大衣，一雙跟不太高的皮靴、服貼卻不扭捏地依附在小腿上；一面招呼我們入座自己熟稔率性地與服務生聊天，俐落齊長的短髮飛呀飛，飛揚在她說話的逗點裡……

「她閃閃的」這是我對 Judy 姐的第一印象，席間她兩姊妹聊天，聊以前、聊我、聊工作，字裡行間都有種吸引人的魅力，她說的好多事我都覺得新鮮，她講話的聲音與笑聲我都覺得好特別，在那一頓晚餐裡，還小的我只是直愣愣地看著發亮的她，嘴裡吃了什麼其實我一點都不在意也不記得，我只記得……我們吃了小火鍋。

在巴黎讀書時，學校規定必修服裝搭配、顏色協調這類的課程，基於我讀的科系還是偏管理類，這樣的專業我只學了些皮毛，能在自己身上湊合著用已經該偷笑了。後來之所以了解時裝或是自己適合的風格，也是不斷地在雜誌上做功課、在服飾店繳學費，才零零落落地找到適合自己並不會失敗的穿法。我相信，這絕對是每個女生都經歷過的經驗；在此，提醒每位正準備要繳下一季服裝穿搭學費的朋友，先看完這本書，你將會把錢真正花在刀口上，不會再像以前把失敗的購物藏在某個不能說的祕密角落。

在我看這本書的文稿時，我看到了找到自己的捷徑，畢竟不是每個 model 身上的東西套在自己身上都能成立，關鍵是讓自信綻放；在對的場合點綴了對的顏色穿搭，那不僅是看的人舒服，自己都會有種優越感。

加上書中完整地介紹適合亞洲人的穿著，如何藏拙顯示出自己的優點也是至勝的關鍵，與其看著歐美 cat walk 卻一知半解，還不如先從我們本身為出發點來選擇服裝。台灣有的特色、氣候，應該要怎麼穿？亞洲人的膚色該怎麼搭配？穿上什麼顏色能給別人與自己什麼心情？

其實造型，就像法式料理一樣繁複，若是細節能夠處理到位，確實掌握，那麼這料理的氣息與涵蘊便能深刻人心。

Judy 姐並沒有要我們每個人都考上廚師執照，她幫我們考完了，她做了一本平易近人的食譜，讓我們能在自家廚房裡輕鬆端出一桌好菜。

但記得喔！勤能補拙，不是買了書就變成女神，身體力行去嘗試，不是為別人，是為你自己，你會找到我所謂的「閃閃發亮」的！
祝福每位讀者，你們應得最美的自信！

百合花美女 ── Judy朱

─台灣蜜納國際集團 董事長 張耀煌

Judy 朱，仿如台灣高山中野生的百合花，堅韌勇敢不畏懼天寒地凍，縱使土地不肥沃依然豔麗綻放，清新脫俗出於本土卻顯出高貴氣質。Judy 朱，她擁有自然天生不必任何修飾即顯出最純真的美麗，最自然甜美的燦爛笑容，最雋永耐看的完美整體造型。

Judy 朱曾經引用西洋諺語：〝A good face is a letter of recommendation.〞─「好的樣貌是一封好的介紹信」，強調美麗是女人應當爭取的權利，女人更要勇敢經營美麗、發揮美麗，在生活及工作上讓美麗無往不利。我所認識的 Judy 朱，正是一位自身美麗又懂得經營美麗的女人。她的造型設計可以在極短時間內抓到每一個人獨特的內心底蘊，而呈現出最純真的感覺、最真誠的感情。例如她為顧客選配的衣服飾品雖不是頂級名牌，然而造型潮流時尚、線條簡單大方、顏色高雅自然，充分流露出整個人的自我風格、氣質與神祕內在美，因此獲得他人發自內心的欣賞與認同。

Judy 朱在工作上做事明快、積極活潑，而在生活上更是一位有品味的美女。好友聚會時她會選擇老饕級餐廳，搭配迷人的紅酒，更會帶動掌握氣氛恰到好處。除此之外，Judy 朱的一流調酒美技、植物精油的滿室薰香、餘音繞樑的靈魂音樂……在在使人讚不絕口，念念不忘。

Judy 朱的人物造型，不求造型，而是以形突出原型之美。她的設計，不留痕跡，而以比例顯現設計之美。她的生活，不落庸俗，而以天然原味展示品味。Judy 朱是台灣不可多得的藝術人才，也是「最美我自信」的百合花美女，有幸為她的好友，樂為之序。

從頭做起

—旅美劇作家 沈悅

懶散海外三十多年，衣著打扮只求整齊舒適大方就是了，為出個門先去理髮店洗個頭，臉上化個五分鐘的妝，穿上件 Macy'減價買到手的衣服，拎著個剛從大陸帶回來的 A 貨，高高興興就踩出門。晚上出去穿件有點亮片的衣服和皮包也就行了，這就是 2000 年 Judy 在台北所看到的我。其實那也沒什麼差到那裡去，只是從來沒有讓任何女友倒退三步欣賞，也沒使任何男士扭轉頭來多看一眼就是了，五十多歲了自認也不稀罕這種吸引力。

1996 年是我生命的轉捩點，我得了乳癌，疾病使我感到生命的無常，也激勵我去努力完成夢想，那就是把我手中寫好的劇本呈現到舞台，居然那年這夢想被我實現了，接二連三每年有新戲上台。2000 年古裝劇《夫差與西施》被上海劇團改編成歌舞劇邀我隨戲登台，還有電視採訪，雖然不是要像電影明星那樣步過紅地毯，但是我對著鏡子裡的自己，心中只知道「需要急救」。

第一次見到 Judy，就已知道她曾為許多公眾人物造型，但我心裡想她對我這剛從美國飛回來的中年家庭主婦，在五天內轉身一變去上海登台亮相，就算不是很大的挑戰也大概覺得很麻煩，而且這人要求晚宴衣服的領口不能太低，裙子不能太短，鞋子不能太高，手臂太粗不要露，又怕冷又怕熱。這許多限制居然都沒讓 Judy 皺眉頭，她約了我第二天去一位髮型師那裡碰面，一切「從頭做起」。

隨後的幾天相信曾有緣被 Judy 造型的朋友都有過相同難忘的夢幻經驗，自己改頭換面心存感激是一回事，能遇到如此認真有效率，對一個普通的客戶也量身打造絲毫不馬虎的專業造型師，真是運氣，我自認做了平生最值得的一次投資。而且難能可貴的是她有趣的個性使整個過程非常愉快，她心直口快，絕對不讓妳去買些不需要的東西，譬如她看到我那雙做了十幾年化學實驗的手是不論塗多少油也無法變成奶油桂花手，就勸我別買戒指了，再一看藏不住歲月的脖子就說項鍊也可以省了，免得把自己的缺點引起別人的注意，所以只要在選擇耳環上做些文章就好，我極欣賞她這類充滿智慧而又能不浪費的建議。旅行的時候按照她的方法帶互相可混搭的衣物，行裝既輕便又多變化。

天性比我愛美的丈夫見到這平日只注重「內在美」的太太忽然搖身一變幾乎要把他比下去了，就瞬間成了我們家 Judy 的第二名客戶。接著幾年內我們從不樂意接受任何人評頭論足的女兒，在 Judy 的調理下心服口服，快快樂樂地由學生轉型成職場女將，我們身寬體胖的二兒子為了能對得起 Judy 幫他選購的衣服也決心要減肥。這一切都太奇妙了。

Judy 在撰寫前一本書的那個冬天曾來我美國的家小住一陣子，美其名為找一個清靜地方創作，也借機會彼此交心的談天說地。她好學不倦，近年來更注重心靈成長，使她的書一本比一本精采，在拭目以待的新書裡她傾囊相授讓我們學到如何把奪目又實用的品味完全融入日常的生活中。

沈悅

為Judy寫序

—大愛電視台節目部經理 靳秀麗

與 Judy 相約一個夏末的午餐時間，我因為尋找停車位遲到了，推開餐廳大門，超吸睛的，一眼就看到了 Judy，迎來了她一臉笑吟吟，好閃亮！

Judy 穿著長版黑色棉質上衣，配上直筒設計的單寧長褲，簡單有型有個性，是她一貫的穿衣風格！這是自 Judy 上次出書後，我倆第二次相見，我忍不住讚美她維持得好。

什麼 ?! 這件上衣十年了？丹寧褲已經磨破又補過 ?! 她的包、她的手錶配飾都是經典款的，禁得起時間的考驗，這我知道，但衣服……像她身上的棉質上衣，如何能穿十年，領口依然服順飽滿，不起毛球而且晶亮？這勾起她說起自己與衣服的真情互動。用感恩的心感謝衣服陪著我們，感受我們所感受的，不管是得意或不如意，無言的承擔一切，守護著主人。Judy 的這一份感恩心，讓她對衣櫥裡的每一件衣物都百般疼惜呵護，自然，衣服也充滿能量地回報主人，難怪它的主人總能展現光鮮亮麗的風采！

這幾年，我自己的生命也轉進了另一個階段，不再無止盡地追求，反而喜歡簡單生活，學習在人、我、環境間建立平衡關係。生活變得簡單、似乎也更容易得到快樂了。因此對 Judy 這一套惜物、愛物、延續物命，讓每一件衣服發揮她最大價值的哲學，我很能接受與認同。但我相信，這對任何一位時尚設計師而

言，絕對是一大挑戰，幾乎可說是矛與盾的衝突，是追求時尚？或環保？兩者真能兼容並蓄？Judy 勇敢表達她自己的美學價值觀，如果每個人都能學習，嘗試著去珍惜衣物，那就共同完成了這項不可能的任務。你我都在地球永續的使命上盡了一份力。

所以，如果您一直是 Judy 粉絲的讀者，已經擁有 Judy 前三本書，那麼您一定要再買這本新書，驚喜發現她又再次超越自己；若您還不認識 Judy，那麼就更需要買下這本書，她教您如何從內而外健康美麗、自信又自在，那個女人不想要如此呢！

為Judy喝采

—EROS Hair-Styling 創意總監　Andy Wong 黃國鎮

認識 Judy 也有將近 20 年的時間

在專業上　她一直是一個認真　堅持完美的人

這部分是跟我很像的

比起其他的造型師　Judy 多了一份對自我的要求及實踐力

只要跟她接觸過的藝人及客戶

都可以很明顯地感染到她獨有的魅力及說服感

把自己交給她　回饋的不只是外表的改變

而是從內而外的美麗自信再造　這是相當難得且特別的

我們都以「把美麗帶給別人」為終身志業

把美感當成一種信念　一分堅持

有 Judy 這樣的夥伴　這條路走下去　我信心十足！

Judy，她抓得到我！

—寶島聯播網總經理 賴靜嫻

「你覺得你自己哪裡最漂亮？」這是 Judy 問我的第一個問題。

「ㄟ～沒想過吧～」我的回答讓自己都嚇了一跳。

這是 2004 年剛從台中大千電台到台北寶島新聲電台時的我，雖然愛美是人類的天性，但我總相信頭皮以下的東西，比頭皮以上的更重要。

直到開始要應付太多不同的場合，我的想法才開始改變，我發現其實外在形象並非完全不重要，美好的外表可以適時為自己加分；認識 Judy 之後，她不但一針見血的破題，指出我的盲點，還完全抓得住我的個性和希望呈現的在外的感覺，而且 Judy 對美的堅持、龜毛、追求完美的個性，也讓我十分放心的跟她合作。

認識 Judy 之後，她幫我從外表做好形象管理，減少在穿衣鏡前徬徨的時間，讓我可以自在地利用自己的獨特和個性，從容地穿梭不同的場合和得宜的融入不同的對象之間，還因此增添了許多生活的樂趣！

最棒的是，她教會了我，簡單、實用的打造量身訂做的美麗哲學！讓我發現，變美不一定要花很多錢，了解自己的優缺點，打開美感的眼睛，身心安頓的自在和自信才是美！

感謝 Judy，她抓得到我！對於美，我抓得住「它」！

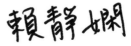

content

content

玩色彩
增添美麗能量

Chapter 1

色彩，足以改變我們的能量與磁場
積極的紅色、療癒的黑色、奉獻的綠色……
今天的妳，會穿什麼顏色的衣服呢？

圖片來源 @SCHUMACHER

色彩會說話

我們生活在一個充滿色彩的世界。

色彩不只豐富我們的視覺，也影響情緒或認知。例如多數人覺得穿一身黑感覺很嚴肅，也有人一看見藍色就會憂鬱……而當我們看到一個紅衣女子，就覺得她特別熱情開朗。根據法國南布列特尼大學 (University of South Brittany) 所進行的一項研究發現，大多數男人對穿紅衣的女性最感興 (性) 趣，男人受紅衣所吸引的程度竟然比清涼性感的衣服還來得高！

色彩的語言是大家公認的一種默契，例如白色代表神聖、純潔，所以新娘婚紗是白色的。紫色是古代帝王專門的色彩，所以到現在依然給人貴氣的感覺；植物是綠色的，給人生氣盎然的感覺，所以和環保相關的產業都以綠色為象徵……當我們了解多數人對某一種顏色的看法，在運用色彩時才會更游刃有餘。例如：穿紅衣赴喜宴很得體，但探病或參加喪禮就失禮。很多長輩認為頭戴白花觸霉頭，如果妳第一次見男方家長，特地戴上白色蕾絲的漂亮頭飾，卻忽略對方是觀念傳統的家庭，那麼妳倆是否能順利走下去，就請自求多福囉。

了解色彩語言最基本的意義在於：當我們在運用色彩時，可避免我們會錯意、表錯情。而如果能進一步投對方所好來運用顏色，那麼距離妳想要達成的目標就又往前邁出一大步。

色彩除了約定俗成的印象外（例如多數人覺得黑色代表嚴肅、距離感、自我保護；常穿灰色則個性保守、走中間路線或隨和），每個人對色彩的喜好或厭惡，也和環境或者特殊經驗有關。例如，男朋友總是在妳額頭滲出汗珠時，拿出黑色棉手帕幫妳拭汗，那麼黑色對妳來說應該是溫柔多於距離感；又或者劈腿的男友提出分手那天，穿著紫色襯衫，從此妳再也不買紫色衣服了；也可能妳一直不喜歡黃色，但聽說黃色會提升財運，於是妳打破對黃色的成見，開始運用它親近它……色彩本身沒有錯，但卻給人不同感受，巧合也好，命底也罷，鮮少人過的是非黑即白的人生，在我們錯綜複雜的一生中總少不了色彩相伴，既然如此，何不深入認識它，運用它，玩出我們的彩色人生。

圖片來源 @PHILOSOPHY

▌揭開色彩的神祕面紗

想要擁有出色的造型，必須了解色彩、應用色彩，然而時下多數人對色彩的了解仍停留在色彩的意象或語言，殊不知，除了這些人們對色彩約定俗成的「定義」外，其實色彩本身自有其能量。根據美國「色彩密碼學」導師張志雄表示，每個人身上都有九種色彩，即紅、橙、黃、綠、藍、靛、紫、黑、白，每種色彩都有著不同意義、不同特質，而且每個人都有獨一無二的色彩組合。當遇見和自己類似組合的人，彼此很容易溝通，而當遇到色彩組合差距大的人就會變得格格不入。

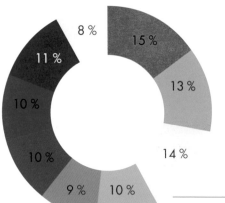

根據張志雄老師表示，人的標準色彩組合比例為：

紅色 15%、橙色 13%、黃色 14%、綠色 10%、藍色 9%、靛色 10%、紫色 10%、黑色 11%、白色 8%。

色彩組合越接近這樣的比例，其人的成就、個性與情緒等都處於較均衡且滿足的狀態。例如紅色有溫暖、富足的特質，

如果過去你樂於助人，對事物總是勇於嘗試，但現在卻意興闌珊，也因缺乏活動力而身體變差，可能是紅色能量的流失。本章將透過色彩穿搭，幫助你找回流失的色彩能量。

由於身處變數越來越多的世代裡，很多人都有一種茫然的無助感。例如，2008 年金融海嘯橫掃全世界後，過去一直主導全球經濟發展的歐美地位開始動搖，這對全世界、包括台灣在內都有很大的影響，一時之間所有國家、企業和個人都找不到經濟成長的方向了。王建民一直以來被高捧為台灣之光，除了球技精湛外，也因為他的正面形象；但沒想到優質男也會外遇，相信這對許多人 (尤其是他的忠實球迷) 來說，多少也造成偶像破滅的失落。而和個人更切身相關的，例如公司被併購、老闆換人當、歷經部門調動或轉換職場等，現代人處於隨時變動的環境，心境總是很難踏實，所以我們都需要更強的應變能力和更穩定的心靈來支撐。

然而外在環境的變動不由我們掌控，人、事、物的更迭也無法常遂我們的心志，我們唯一能掌握的就是自己。所以我們必須為自己定準方向，有一個聚焦的目標，那麼不論外面世界如何變化，我們才不致於經常茫然無助。我一直認為美是一種既柔弱又剛強的神奇力量，在小處，可以讓一個人身心安頓；在大處，它能改變世界的面貌。而在追求美的過程中，如果能夠有意識的運用色彩，讓色彩能量充分展現，不只會讓我們擁有更出色的外表，還將會對我們運作、處理事情，以及人際溝通與互動有很大的幫助。換言之，只要在運用色彩能量時妳的心願意向上提升，就經常可以有「心想事成」的美妙感受。

色彩語言是人為的定義，色彩能量則是探討色彩本身的特質，其實兩者之間有不少共通性，可見人類對色彩的直覺還算準確，只是如果我們要能精確的運用它，就應該全盤掌握色彩特質，才不會產生運用效果時好時壞的狀態。

以下色彩能量的分享，是我做過張志雄老師色彩密碼諮詢之後，親身體會與印證的。運用色彩能量或許還是一種另類冷門的方法，但它充滿趣味，又能積累個人的美感經驗，何樂而不為呢？

顏色	色彩特質	運用時機建議
紅色	熱情活潑、溫暖、坦率、會自我調整	對生活提不起勁、做事缺乏動力
橙色	企圖心、互動、豐盛、靈活、回饋	不斷付出卻感覺得不到對等回饋、對人事物開始出現應付的心態
黃色	親和力、靈巧、安全感、領導特質	想增加親和力、人際關係不協調時、和人互動不順利時
綠色	真誠、帶來希望、喜樂、單純、付出、奉獻	會計較自己的付出時、感覺沒有能力付出時
藍色	嚴謹、喜歡探討、重思考和精神層面、感性、完美性格、創新能力	創意工作者特別需要的能量，生活中缺乏情趣時可用

▎九種色彩的獨特能量

九種色彩包括七大本質色，即紅、橙、黃、綠、藍、靛、紫，及二大輔助色，即黑與白，均為單色系，具備單一能量的色彩為正色 (如附圖)，以紅色為例，春聯的顏色為正紅色，而粉紅、磚紅、桃紅等，皆屬副色，也稱為混色。混色代表綜合能量，所以以身上的色彩比例多寡，呈現各種能量不同的強度。綠色以草皮的顏色為正綠色，蘋果綠、墨綠、橄欖綠等也不在正色的範圍。

顏色	色彩特質	運用時機建議
靛色	感官靈敏、迅捷、果斷、執行、自我	猶豫不決或執行力差時需要的色彩能量、想展現個人效率時
紫色	善觀察、深入體會、有整體觀、永遠在創新	對人生感到茫然、對獲得新資訊沒興趣
黑色	沉穩、吸收轉化、包容承受、難以預知	慌亂、低潮、失意挫折、需療癒時、想掌控空間時
白色	堅持、自我實現、自我表達、敏感、多樣化個性	無法表達自我時、對生活失去反應的能力 (如被裁員、發生意外等)、對時間無法掌控時

時代詭譎多變，考驗重重，挑戰更是一關又一關；這樣的時代、這樣的人生，就有如英國小說家狄更斯在《雙城記》中的名言：「這是一個最好的年代，也是一個最壞的年代；這是最光明的時代，也是最黑暗的時代。」同處一個時空，有人看好、有人看壞。究竟妳要邁向光明或者走進黑暗，過積極健康的生活，或者在頹廢哀怨中過一生？如果妳熱愛生命、永遠樂於擁抱美麗，那麼何妨以我們自身為畫布，一起來彩繪屬於我們的美麗人生。

展現亮麗丰采 就愛玩顏色

紅色這樣玩

紅色能夠帶來激盪澎湃的活動能量，紅色也是其他八種色彩的源頭，妳可以想像日正當中的太陽，源源不絕的散發能量，形成生命的樞紐，日常生活中所有的活動都需要紅色，任何事想要成功，也少不了紅色。紅色的活動力是一種活潑的動力，是一種在自己的意願之下，主動帶來的動力。尤其當碰上懶洋洋，對生活提不起勁的時候，建議使用紅色來補充熱情的能量，當紅色能量越強大，生命就越富足。

圖片提供 @Albert Ferretti

圖片來源 @ Justcavelli

熱情開朗的人穿起紅色衣服更加顯得神采飛揚,而對於個性偏保守的人通常會對這種亮麗的色彩敬而遠之。但我認為越是內向,不善交際的人,越是需要給自己機會展現不同的一面,如果一開始沒辦法接受大面積的紅,如紅色上衣、紅色洋裝、紅色外套等,建議妳添購一個紅色包包,它會讓妳的整體造型跳脫低調風格,成為一個吸睛的焦點,其他如紅色鞋款、紅色皮帶、紅色絲巾、圍巾或綴有紅色寶石的飾品等,也是讓保守者強化紅色能量的入門單品。妳也可從休閒服或運動服著手,例如紅布鞋或白 T-Shirt 上有切半的紅色大西瓜圖案,如此一來也能啟動妳紅色的能量。

紅色穿搭tips

· 米上衣,深咖啡及膝窄裙,搭紅皮帶
· 灰高領毛衣,紅短裙,搭駝色外套
· 紅色圓領蝴蝶袖短洋裝,黑色緊身褲,搭黑漆皮牛津鞋
· V 領或圓領素色上衣,搭紅色為主的披肩設計或圍巾、絲巾
· 淡粉紅或桃紅色洋裝,白色開襟衫,搭紅色包包
· 普普風格上衣,幾何圖案或花卉圖案(依個人不同身型選擇)中以紅色為主色,搭與上衣中顏色之一相近或協調色彩的長褲
· 紅色與橙色撞色效果的上衣,搭白或黑或咖啡色下款
· 紅唇是性感的象徵,建議在夜間使用,將成為妝容的一大亮點,然而白天卻容易給人太招搖或帶來視覺的侵略性。

橙色這樣玩

橙色由紅色和黃色組成，融合了這兩種色彩的特質，它也是唯一雙向運作的色彩。以人為例，我們和外界互動，結果有可能是滿足，也有可能是不滿足的，橙色就是在動態互動中產生雙向循環的平衡能量，也就是雙向滿足感，因此，當感覺自己對工作熱情不再，只是在被動的應付工作，或感覺自己不論是對家人、朋友付出很多，卻得不到同等回饋時，代表橙色能量在流失，應該補充該能量，因為人不可能完全無條件付出，有來有往才會感到滿足，平行對等的關係才不會帶來挫折。

很多人對於使用如此炫耀的色彩會感到不自在，同樣的，建議從配件開始，或者夏天的裙或內搭上衣和背心，橙色都是很好的選擇，甚或使用橙色編織手鍊或綴有橙色素材的耳環、項鍊等都是可運用的造型搭配法 。尤其當妳的服飾大多為黑白灰等中間色調時，搭個橙色包包，不僅可呼應時尚 (近年來幾乎所有大品牌都流行使用鮮豔色)，並且帶來能量，相當值得嘗試。

橙色穿搭tips

· 橙色內搭，藍色外套，墨綠裙，搭紫腰帶
· 粉紅或咖啡洋裝，搭橙色外套或橙色薄開襟罩衫
· 橙色內搭，藍色外套，搭墨綠裙，搭紫腰帶
· 大膽用橙色做深淺層次，搭紅色做撞色效果
· 黑灰白色調素雅服裝，搭橙色髮帶、頭箍或頭巾 (若髮色偏咖啡將更出色)
· 蕾絲上衣裡有橙色色塊、搭抽象印花裙
· 橙色毛衣，紅色裙，紅皮帶，搭黑短靴

圖片來源 @SCHUMACHER

黃色這樣玩

黃色是一個和人很有關聯的色彩，因為它有親和力，可以在人群中產生影響力，建立起信賴關係，若再持續深化，就會帶來權力，可帶領並主導群體的

圖片來源 @Temperley

走向。也是吸引及凝聚眾人為你效命的能量。由於人是群居動物，因此黃色能量相當重要，當妳經常運用它，就可以輕易在人群中建立起關係。我們的世界色彩繽紛，可以選擇運用的色彩相當多元，但我很建議每個人至少一週當中要用一次黃色。黃色過去是帝王的專屬色彩，加上民間信仰中也常見黃色，所以一般人較少選擇黃色服裝，建議可以從飾品開始接近它，例如黃水晶、黃色寶石、黃鑽、黃金飾品等，或者有設計感剪裁的黃色棉 T 或黃色薄針織開襟衫，甚至穿搭有金蔥布料裁製的衣物都是很好的選擇，只要重點搭配黃色，就能帶起其能量。

黃色穿搭tips

· 印花上衣、洋裝等內有黃色元素的服裝
· 走安全路線者，可試試黃與白、黃與黑、黃與咖啡的搭配
· 素色上衣或洋裝，搭壓克力素材的黃色幾何圖形項鍊
· 黃色毛衣，灰色外套，搭深藍格子長褲
· 在講求清爽明亮的夏天，把黑、咖啡色的錶帶換成黃色，既有活潑的時尚感，又具親和力

圖片來源 @PHILOSOPHY

綠色這樣玩

橙色對於付出，期待的是有來有往，在雙向互動中得到滿足；而綠色則是單向的運作，其重點是在付出，因為有能力付出而感受到自己的價值，從中獲得喜樂，也帶給自己更多正面的能量。所以綠色是一種無私的付出，具有真誠、感性、喜樂等特質，經常運用綠色能量，會讓自己獲得不假外求的寧靜與喜樂，進而帶動世界更美好。如果你常覺得自己被逼著做好事 (其實是做得心不甘情不願或只是做給別人看)，例如媽媽要求你多照顧外地求學的姪女、上司請你順便送同事回家、隔壁鄰居老是請你幫忙倒垃圾等，你都做了，但你心裡就是不樂意，或者最近常感覺到「悶」，抱怨別人總不順己意，建議妳多親近綠色，它會讓妳轉念，不費吹灰之力就能得到快樂。

綠色穿搭tips

・黑白千鳥格紋絲洋裝，內有綠色圖案

・黑底綠印花上衣，搭綠色長褲

・幾何印花洋裝，點綴綠色小色塊

・棉質圓領白T，搭印花裙（例如熱帶植物、花卉圖騰或風景畫等，
　內有綠色元素）

藍色這樣玩

藍色是一個夢幻的色彩，給人虛無縹緲的感覺，擁有既迷人又危險的特質。藍色特質的人喜歡探討，一旦對某事產生興趣，就會追根究柢去鑽研，所以他是從學習研究當中找樂子，也喜歡自我追尋，形成他獨特的樣貌。一般人總是把憂鬱和藍色畫上等號，其實這只是它的面相之一，對我來說，藍色特有的感性才是最迷人的，所以很多創意工作者都需要藍色的能量，如果妳感覺工作很乏味，生活很無趣、談戀愛很務實，或者想突破自己一板一眼的個性，請多運用藍色能量，活化妳的創意細胞吧！

藍色穿搭tips

· 黑 V 領針織上衣，咖啡長褲，搭藍色包包
· 藍色洋裝，黃色絲襪，搭藍綠色晚宴包
· 橙色上衣，藍色西裝外套，搭軍綠色短裙
· 藍色絲質九分褲，搭綠色絲上衣
· 黃色上衣，豹紋短裙，黑色高跟鞋，搭方形藍色皮質包
· 淺藍襯衫，梅紅西裝外套，搭正藍色老爺褲
· 藍色上衣，黑色小蓬裙，搭黑色鞋

圖片來源 @SCHUMACHER

圖片來源 @SCHUMACHER

靛色這樣玩

靛色的特質是務實，迅速果決，當人變得猶豫不決，執行力差，應是較缺乏靛色能量。每個人都有自己的色彩組合，但也可能隨後天環境影響，而使色彩組合產生變化，然而不論是與生俱來或後天造成色彩能量的不均衡，都是可以去補足的，這也是做造型、玩色彩好玩有趣的地方。如果希望自己腦筋動得快，想拋開拖泥帶水的節奏，妳會需要靛色的能量。

靛色穿搭tips

· 靛色粗毛衣，黃色緊身褲，搭土耳其藍皮手套
· 靛色長版毛衣，內搭橘紅絲質翻領女衫，搭咖啡短裙
· 冷暖撞色：靛加橙，靛加綠，靛加黃
· 綠底靛藍條紋短洋裝，搭螢光色系高跟涼鞋
· 靛色襯衫，藍色短裙，搭水藍色窄版領帶（或絲巾）
· 運用不同布料做層次，減低靛色的沉悶感

紫色這樣玩

紫色通常被視為浪漫的色彩，這份浪漫並非無邪的天真，而是對人生有整體的觀照，而散發出的自由浪漫氣息。人生歷練不足，缺乏生活經驗者就會缺乏紫色的能量，所以當對人生感到茫然，沒有追求新知的欲望，都可透過補強紫色能量來改善。紫色是廣受喜愛的顏色，在時尚領域中也不少見，因此更須透過精心穿搭來展現個人的獨特魅力。

圖片提供 @Albert Ferretti

紫色穿搭tips

· 紫色羊毛洋裝外套，黑色皮帶，搭黑色尖頭高跟鞋
· 紫色長版上衣，黑緊身褲，搭黑色粗跟高跟鞋
· 黃色削肩綴亮片上衣，紫色雪紡蛋糕裙，搭銀色小肩包
· 銀灰色西裝外套，搭紫色長褲
· 幾何印花洋裝中，紫色為主要色彩
· 以黑、灰、咖啡色等安全色系，搭紫色飾品，如鞋子包包、耳環、圍巾、手套和褲襪等，都會有畫龍點睛的效果

圖片來源 @PHILOSOPHY

黑色這樣玩

黑色有吸收的特質，它可以強化我們吸收的能力，因此也可以減輕慌亂感，當感情受挫，被欺騙，碰上巨大的天災人禍後，我們都需要療傷，記得當金融風暴之後，華爾街所有的人幾乎都穿黑色，我們在情緒低潮時也較習慣穿黑色，這代表我們已經在有意無意間運用黑色療癒的能量。如果能夠進一步了解色彩能量，經常有意識的運用它，將會增加我們的安全感。不過雖然每個人都需要療傷，自我保護，但長年穿黑色可不行，療傷到一個階段後就要轉換，例如以紅色能量加強行動力，或白色能量提升自我表達能力，黃色塑造親和力或靛色幫助妳下決定。總之，依當時狀況運用其他色彩，達成妳的人生目標。黑色是相當隨和的顏色，可說是百搭的色彩，不用多說，妳一定也擁有很多隨和的單品和配件吧。

黑色穿搭tips

· 黑雪紡洋裝，灰黑皮質寬腰帶，搭黑白羽毛小手提包
· 黑色套裝，橙色手拿包，搭紅色皮質高跟鞋
· 亮色系寬版無袖上衣，黑色短版小外套，搭鐵灰色內搭褲
· 紅色洋裝點綴黑色圖案，黑褲襪，搭黑裸靴

白色這樣玩

白色像一面鏡子，具有反射的特質，在人身上的白色能量，就是一種本能的反應，也是求生的本能。當對生活中大大小小的事情失去反應的能力，例如被裁員、生病或發生意外等諸多不順遂的情境，都需要白色能量幫我們歸零，讓我們有機會重新再來。例如過去一直交友不順利，那麼多運用白色能量，會幫助我們的個性重新整合，或許將有機會因此結交到理想中的朋友；對於木訥，羞於表達者，或者表達能力差，經常口不對心的人，或者遭遇特殊事件後，處於自我封閉時期，應變能力差，經常魂不守舍，甚至當我們希望能盡情表達時，都可以運用白色協助我們回應問題，反射狀況。而且白色也可消弭對時間的緊迫感，讓我們更從容自在些。

圖片提供 @Albert Ferretti

白色是輔助色，和任何色彩搭配都不會出錯，若不習慣白色，可嘗試從休閒裝扮開始，白色運動外套、白色長棉褲或白色帆布包、白色短褲，都能讓我們在從事休閒活動時，擁有清新感。在這個宛如打翻調色盤的裝扮世代中，我們應該勇敢嘗試各種色彩，當然也不應該錯過能夠反映出真我本質，讓我們更清楚表達自己的白色！

- 運用不同材質及色調的白呈現整體的層次感
- **Boy friend Look** 白襯衫，糖果色系、黑色緊身褲或短褲，搭牛津鞋或芭蕾舞鞋
- 黑色緊身上衣，草綠色花苞裙，搭白色大包包
- 大紅色或桃紅色小禮服，白色絲巾，搭白色手鍊
- 白色絲質女衫滾黑邊，灰色長褲，搭黑細皮帶
- 幾何印花洋裝，內有明顯白色色塊，也能啟動白色能量
- 運用不同白色布料營造層次感，黑皮帶、黑鞋增加沉穩，內斂氛圍

▌能量全開　彩妝也要面面俱到

妝容與服裝的協調搭配，才能使造型具整體感，對於色彩能量的運用也才會面面俱到。如果希望工作事業順利，更上一層樓，藍色的靈巧和創造力，綠色的奉獻付出，紅色的積極活力，靛色的俐落果決，都是強化工作執行的關鍵，而白色的自我表達，會讓妳的努力與成績被看見，職場上才得以步步高升。

希望擁有好人緣，請多運用黃色的親和力，而紅色的活潑開朗和綠色的感性特質也有助吸引他人樂於親近妳。

Judy 美麗心法

想要變自信、變美麗，祕訣不是「正向思考」，而是「正向的感覺」。這就是為什麼我在愛與感謝的儀式中，把手掌放在心口上，感覺很多的愛湧進來，所以對渴望的事物要有「情緒」，實際上就是用「感覺」讓自己變美麗變自信。

該怎麼做才能產生正向的感覺呢？妳可以參考印度心靈大師──巴觀的祕訣：首先，妳必須產生感覺十二分鐘，然後重複七次 (即七天)，這樣就可以化解心理障礙。

透過頭腦，妳永遠無法產生正向的感覺，必須運用身體才行，例如妳覺得自己不美，從不引起別人注意，但想成為美女，那妳可以在家裡走路時感覺自己是有魅力的女人，改變妳的走路姿態─抬頭挺胸、姿勢優雅迷人，並親切的微笑，感覺妳是受人喜愛的，就這麼感覺自己真的是個受歡迎的美女，持續十二分鐘，再重複做七次（即七天），心理障礙就會開始消失。接著，在較多人的場合，例如家人或朋友聚會或更大團體面前這樣做，那麼障礙就會完全消失，無意識部分也會被撤除，我自己試過這個方法很有效，妳也可以試試看喔。

Chapter 2

現代女性
必學的美麗儀式

「愛」與「感謝」，讓我們的美更扎實且從容
因為有愛，我們更在乎擁有的衣物
因為感謝，我們更珍惜周圍的人事物
透過這些儀式，終將幻化成最美好的自己

圖片來源 @THIERRY LASRY

▎衣物，是我們最親密的夥伴

為了美麗，每個女人都會持續進行身體保養及衣物採購，一路走來累積的歷程，造就了如今的樣貌。

今天的妳，或許已經是同事眼中的美麗標竿、或許是朋友最樂於諮詢造型的對象、又或者常常穿得不得體、化著別人眼中奇怪的妝……沒關係，追求美的道路還很長、我們還有無限的可能。

但是，必須從現在開始，建立起追求美麗的正確觀念和習慣，所以我希望能分享的重要觀念就是：對衣物表達愛與感謝！

衣服和人相處的時間，可能都比家人、朋友、同事或客戶等更長，和人的關係更親密。

自從人類的遠祖由猿猴持續進化成如今的我們、體毛退化之後，人類就開始了以物蔽體的習慣。從最早使用的獸皮、樹葉、藤蔓，到今日各式各樣天然或人造素材，製成的衣物豐富了衣飾的變化，也讓「穿衣」這件事情從保護身體進化到美觀的功用，甚至是傳達專業內涵的一種武器。

圖片來源 @SCHUMACHER

不同時代、不同民族更發展出多彩多姿的衣著美學,也擁有了無法勝數的衣物與人的互動故事,如果有機會將這些故事一一書寫成冊,恐怕早就已經堆出數百座 TAIPEI 101。

穿衣的故事之所以豐富且精采,是因為每個人的一生都有過許多感動時刻;每個人內心也都珍藏著幾段愛與希望的故事,當然人生也不乏孤獨、悲傷與失落的片段。在那個當下,不論是獨處或與他人同在,最先有所感受的,並非他人、可能也不是主人翁自己,而是那個當下所穿戴的衣物。

因為人在放鬆或享受時,肌膚會特別柔軟有光澤;處於憤怒或防衛時肌肉會緊繃、毛髮會豎立;緊張的時候心跳會加速……。這些生理反應產生的瞬間,與身體零距離接觸的衣物就會立刻接收到訊息。而它無條件地接受這一切,分享著主人的喜、怒、哀、樂,各種情緒變換。

從另一個角度看,當我們為了要參加喜宴、上台領獎、慶祝升遷或是和男友共進燭光晚餐……等種種理由,都可能會特別花心思找一套「適合」的衣服打扮。為什麼不是穿同一套衣服呢?因為我們有不同的情緒、不同的目的、不同的需求,可見我們常常在藉助衣服幫助我們表達情緒和想法、傳達我們想要傳達的意念。

木匠珍惜著他的雕刻刀、建築師珍惜著他的設計藍圖、母親珍惜著孩子的第一幅繪畫……因為其中有著濃濃的珍藏價值與情感。

妳呢？妳和妳的衣物之間一定也有過數不清的共同回憶，其中的酸甜苦辣一定是既獨特又難忘。再也沒有比我們衣櫃裡的衣物和我們更親密、對我們更忠實，且更能反映我們自己了。如果妳關心自己的外表、在意自己的形象，那麼妳一定要珍惜與衣物之間的緣分！

珍惜衣物才能擁有好形象——這是女人必須培養、並且一生都要擁有的好習慣。

圖片提供 @MaxMara

圖片提供 @Albert Ferretti

▎和衣服真情互動

我的衣服一穿就是十幾年，那是因為我花心思去了解及珍愛它們，這種真誠的對待，讓我深刻感受到服飾與我的連結。衣物總是這樣，在我被戴上榮耀桂冠時，它們襯托著我的光彩；在我哀傷或憤怒時，它們撫平我的不如意。

近來我就有過一次深刻的體會。

我買了一件非常漂亮的衣服，當我穿著它在姐妹淘面前出現時，引起大家由衷讚賞。三天後，我和一群友人一同出國旅遊，便將這件為我贏得諸多好評的衣服收進行李箱；但是當人在異鄉，我再度穿上它時，卻感覺整個人黯淡無光。後來回想，那次隻身出國，看著同行友人成雙成對，更顯得我形單影孤，心情難免失落；而衣服感受到我的心情，也收起它的風采、默默地回應我的心事……

妳是否也有過和我同樣的經驗？一樣的衣服只不過幾天光景，所呈現出來的樣貌與神采卻大不相同，對於這種情形，請試著覺察妳當時的心情，和幾天前的不同之處，妳就會恍然大悟，衣服穿得好看與否，與穿者的心境大有關聯。

所以我始終相信，保持愉悅的心情，真心對待服飾，就算幾年、甚或十幾年的衣服，也能為妳打造獨特、時尚的風貌。

我經常在工作中提醒客戶，要珍惜衣物，不論是當季採購的新品或已經穿戴多年的老夥伴，都要用心對待它們。

我發現不少人在試穿衣服時，往往不經心把換下來的衣服疊在前一套衣服上，只要試穿個幾套，那些衣服就像疊羅漢似的擠成一團，如果妳相信衣服有感知的話，可以想見它們是不舒服的！

許多人去採買衣物時，經常忽略吊掛衣物這類的細節，總是覺得試穿後再一次把衣物交給服飾店店員整理即可。但認真地想，試穿衣服的人是妳，如果妳抱持著探索它美妙之處的想法試穿它、並且在試衣間裡順手就把衣服掛好，傳達對衣服的適當尊重，相信它也會樂於散發「我真的很適合妳」的美麗光彩！

還有一些人，回家後，不會馬上換穿居家服，而是繼續穿著身上的外出服癱在沙發上；或換下衣服後隨手一扔，等到有空時再整理、吊掛。另外，也有人會抱怨衣服買回家一段時間後，就再也穿不出衣服美麗的樣子，這時常會歸咎於衣服不好照顧，譬如沒辦法打出像剛從服飾店帶回家時的漂亮蝴蝶

結，或者衣服的材質需要經常整燙、送洗、或者深淺顏色不一的衣服不能混著一起洗等。

但我認為既然選擇了這件衣物、將它買回家，就必須有能力照顧它。面對這種沒辦法好好照顧的衣服，只有兩種選擇，第一，不要買，因為妳不會照料它，代表妳不適合擁有；第二，學習、勤練如何照料它，讓它可以長久維持在好的狀態，它才能為妳的造型加分！

照顧衣物並不需要特別的天分，需要的只是妳的意願和用心！

還記得小時候學騎腳踏車的事嗎？是不是曾經摔得鼻青臉腫，但妳就是非要學會不可！還有，妳考試總是名列前茅、會說流利的外語、韻律感很好、游泳游得很棒、可以燒一桌好菜⋯⋯妳擅長的事情這麼多，每一件事都不比照顧衣物簡單，關鍵在於肯用心去學、去做。對待衣物也必須擁有這樣的心意！

圖片來源 @Alice by Temperley

▍萬物都有靈性 衣物也不例外

對待衣服的方式和衣服互動的態度，都足以影響衣服所呈現的美感。我深信衣服雖然不會說話，但它有它的性情，對它好，它就會高高興興地為人們增添風采，若不善待它，它也會鬧脾氣。

一直以來，人們相信眼見為憑，但已經有越來越多的事實證明，並不是只有看得見的才是真的，肉眼看不到就不存在。例如「壓力」就是一種看不見、摸不著、嗅不到，卻真實存在的現象。

信仰和科學更從不同角度出發，給了我們關於靈性的答案。宗教告訴我們萬物有靈，靈性就是一種感知、覺知，而且並不是只有動物擁有靈性，有越來越多的實例可以證明這個真理。

早在四十幾年前，西方就有科學家以植物為研究對象，發現植物非但有感覺、感情，還會對欺騙的行為做出反應。十多年前日本人江本勝也提出：讓水聽不同的音樂，水會出現不同的結晶形態，給水貼上「笨

圖片來源 @SCHUMACHER

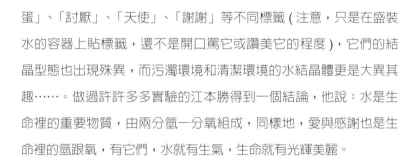

蛋」、「討厭」、「天使」、「謝謝」等不同標籤 (注意，只是在盛裝
水的容器上貼標籤，還不是開口罵它或讚美它的程度)，它們的結
晶型態也出現殊異，而污濁環境和清潔環境的水結晶體更是大異其
趣……。做過許許多多實驗的江本勝得到一個結論，他說：水是生
命裡的重要物質，由兩分氫一分氧組成，同樣地，愛與感謝也是生
命裡的氫跟氧，有它們，水就有生氣，生命就有光輝美麗。

我不是科學家，但透過和衣物相處的過程，以及現實生活中的體
驗，我同樣深信靈性是存在於萬物之間的，而愛與感謝確確實實是
讓世界美好的靈丹妙藥，也是讓衣物保鮮的一個重要良方。

愛與感謝是身心皆美的動力

相信萬物有靈，對所有事物抱持感恩之心，不只在宗教界被身體力行，在富甲一方的名模和站在全球美食殿堂上的主廚們，也深知感恩之必要。

巴西名模吉賽兒‧邦臣（Gisele Caroline Bündchen）在享用美食 (特別是葷食) 之前，會先輕闔雙眼，並將雙手騰空放在菜餚上方對食物致敬，然後再開始用餐。這位全球身價最高的超級名模表示，並沒有人教她要這麼做，她只是自然而然地衷心感謝著每一次食物對她的滋養。

圖片來源 @VEJA 超感動

而米其林星級餐廳之所以能夠享譽全世界，除了每位名廚都有精湛的廚藝，更源於充分了解料理來自食材，只有廚師對食材的奉獻有全然的感知，才能透過巧手烹調出讓客人感受到滿足、並因食物的能量而感動的美食。因此名廚不但以愛心做菜、且都有各自對食材致敬的獨特方式，可見，米其林美食的魔法同樣是來自愛與感謝。無獨有偶，在國內頗受各方敬重的名廚阿基師也不只一次在擔任廚藝競賽評審時，因為選手浪費食材 (例如烹煮魚料理只用魚身的肉，而魚頭和魚骨等則被直接丟棄到垃圾筒) 而動怒，他認為比賽獲獎是其次，對料理人來說，更重要的是要愛惜食材、善用食材。

時下有很多人為了健康的理由奉行生機飲食，但效果總是因人而異。我認為與其將焦點放在生機與否，倒不如在每次攝取飲食時，抱持感恩的心來對待所吃下的食物。
二十一世紀的人類必須共同面對大自然反撲，以及越來越嚴峻的生存議題，自詡為萬物之靈的人類必須深刻自省，如何在地球永續的神聖議題上扮演重要、引導的角色。珍惜資源不再是口號，而是每個人必須身體力行的責任，所以愛與感謝已經是超越國界與所有專業領域的行動美學。

只有愛和感謝能讓我們與萬事萬物和諧共存，共同建構起美麗的世界。這份美麗的心意必須由內而外散發與實踐，而愛惜衣物本身就是一種培養愛心的美麗行為，當擁有這樣的好習慣，才能由內而外擁有恆久的美麗。

五大儀式 為妳的衣服保鮮

流行是一種千變萬化，快速更迭的潮流展現，為了追趕潮流，現代人落入了不斷消費的漩渦中。不論是衣服過季、不適穿、買錯了，或者是因為情緒的高低起伏……，女人永遠有理由和藉口買新衣服。但是原來在衣櫥裡的衣服呢？妳用什麼態度對待它們？是不是再也不看它一眼，有意無意地把它往陰暗角落移，甚至直接丟棄？

在講求人權的現代社會，虐待小孩、虐待傭人，必須負起法律責任，而虐待動物也會引起公憤，受到眾人的譴責……虐待生命固然是天理不容，我認為對待萬物也要有同樣的標準，我更深信愛美的朋友們一定也擁有慈悲的心腸。請多想一下，衣服也是萬物的一部分，自然有它自己的靈性；有很多女性說她們熱愛服飾，但並沒有真正的關心。如果覺知到對衣服的忽視或冷漠也會讓它們傷心難過，那麼妳還能忍心如此嗎？何況衣服是如此貼心忠實又無怨無悔的夥伴，所以請不要輕易對它視若無睹，移情別戀，讓它光芒盡失！

圖片來源 @SCHUMACHER

對衣服的感謝儀式

身為專業造型顧問，我非常不贊成漠視衣服的行為，每件衣服都有其特質與價值；在為顧客量身規劃造型時，我所做的第一件事就是打開她們的衣櫥檢視原有的服裝與飾品，重新整合、設計，賦予全新生命，而不是拉著客戶往各大百貨公司或精品店採買新的衣物。

我一直認為女人就像一塊玉，從璞石到美玉的成型，需要細細打磨和精雕細琢的功夫。然而玉真正的價值往往是在適當的人配戴之後，透過體溫、內在能量與歲月的薰陶，養出玉的溫潤質地。之所以說女人像玉，正因為造型就是要讓女人有重生的姿態，而我們對待衣服的過程與方式就像養玉，付出多少愛與感謝，就得到衣服賦予我們的美麗與自信！

我對衣服所進行的感謝儀式，就是以真誠的意念加上真實的行動，讓美好的氛圍在人與衣之間流動。不要只是看喔，今天就開始行動吧。

● 感謝儀式一　手眼一致的溫柔撫觸

首先，我會用一個簡單的手勢動作開始我的儀式，動作如下：
兩手貼放在身體兩側，之後劃半圓，手背碰手背，反轉手心與手心，雙手合十，置於胸前，輕闔雙眼，面帶微笑，完成動作。

再用眼神關愛今天所選定的這套衣服，並以手溫柔撫觸它，來表達對它們的
感謝與愛意。

● 感謝儀式二　抖動衣服幫助它舒展

接下來，我通常會做一個輕輕抖動衣服的動作，其作用類似我們要開始做運
動之前要暖身，或久坐之後會站起來伸伸懶腰，用意在於舒展筋骨，讓氣血
活絡。同樣地，衣服剛離開衣櫥或從衣架取下，都是在轉變它們的姿態，這
時候幫衣服舒展一下，衣服的每個細
緻的展現，穿起來會更順自己的身型。

● 感謝儀式三　與服飾合而為一

與服飾合而為一，建立起最親密的夥伴關係。例如
為即將粉墨登場的衣服打氣後，還可以輕輕地告訴
它：「今天我們要一起過這美好的一天」，或者「出
門後我將會面對一個難纏的客戶，心裡有點緊張，
不過我知道你會保護我、支持我，今天我們就一起
加油吧」，又或者「今天請你幫助我當個萬人迷，
我也會盡力讓你成為最出色的衣服」等等。

圖片提供 @MaxMara

不管今天選的是新衣或舊衣，在穿上它之前，請讓它享受到應得的重視，讓它和妳合為一體，並預先感謝它即將為妳的付出。

● 感謝儀式四 對鏡展露笑容

充滿自信換上這套衣服後，可給鏡子前這滿載正面能量的「人與衣」的組合一個由衷的微笑，這個微笑是發自內心給自己的一分肯定。如果時間充裕，還不妨多花一、兩分鐘時間，欣賞自己嘴角上揚的美麗曲線，還有眼眸閃爍的亮光，以及將妳襯托得光彩迷人的這身衣物……妳可以雙手合十，感受這份被衣物寵愛的幸福，也可以俏皮地向它眨眨眼。

● 感謝儀式五 練習魅力的展現

因為妳是美的發光體、妳是魅力的傳動器，妳一定了解自己最獨特的美麗所在，請盡情展現！

練習著將妳特別吸引人的小動作做得更精準，譬如說，喝咖啡時抿嘴唇上奶泡的小動作，撥動秀髮時的嫵媚，偏著頭仔細聆聽對方時的認真神態，或收到禮物或被讚美時的感動表情……

更重要的是，演練一下走路的姿態，因為小動作通常是人與人近距離或是長時間接觸時才會啟動的吸引力。而走路時全身都處於動態，足以吸

圖片來源 @PHILOSOPHY

引到不分遠近的廣大目光，所以有必要花心思練習好妳的走路儀態，尤其當換穿新鞋時，更要透過預先練習，讓自己可以輕鬆展現美感。

另外，我們每天會依不同心情、不同身體狀態、和不同的人見面、到不同場合，而選定不同的服飾組合，表現出來的形象也會有所差異。舉例而言，表達輕鬆和專業，表現性感或端莊，所選的衣服一定不同，走路的樣子就要有區別。花三到五分鐘演練穿上這套衣服時走路的樣子，會讓妳整天更自在且行事言談更有自信，周遭的人也可以輕易感染到這分活力。長輩常說：「坐有坐相，站有站相」，所以，好好走路吧，把走路的樣子走好走對，這是對別人的尊重，也是對自己的肯定，它會讓妳和周遭產生一種友善的循環，也是一種美的體現！

圖片來源 @Temperley

對衣服進行感謝儀式不需大費周章，它不困難，更不花太多時間。重點是透過這樣的儀式提醒自己要對衣物傳達愛與感謝，並且要經常做，養成習慣，讓這份正面的能量自然而然的散發。大家每天都會準備當天要穿的服裝，而現在只不過做的更謹慎一點，就好像在進行著某種儀式，用一種神聖的態度來面對衣服。

Judy 美麗心法

一個魅力十足的女人，除了擁有完美造型，還必須培養良好的走路儀態，現在讓我們來演練一下走路的姿態。

最佳走路儀態有三大要點：姿勢、舉止、力量。所以在走路時應注意：

● 頭要抬高

● 胸部挺起

● 肩膀向後張

● 兩臂輕鬆的前後擺動

● 臀部左右旋轉　切記！臀部動作不宜過大，因為我們不是在走伸展台

● 身體重心放腳跟上

▍養成隨時進行感謝儀式的習慣

我深信愛與感謝的力量，並發展出自己的感謝儀式來維繫我和衣服之間長久不變的親密關係，我認為這樣簡單又有扎實力量的儀式也會適合所有愛美、關心美麗議題的讀者來實行。當然，每個人都有自己最在意的外在及心靈議題，也都可以依此模式加以演化出個人專屬的儀式，只要能讓自己更自在，更自信，更美麗，有何不可呢？

我們的目的地都是要抵達美的桃花源，只要懷著愛與感謝出發，妳可以走捷徑，康莊大道或深幽小徑，依著自己的性情選擇想走的路，總是會到達。但是，「一定要出發，只有行動才能讓妳到達目的地！」

為了強化衣服傳達形象的效果、也為了讓自己樂在儀式中，我經常會在基礎動作外「創新」我的感謝儀式。例如：針對易皺的衣服，不管是新衣或舊衣，我會在進行第二步驟儀式時，加入燙衣服的動作。(我習慣用蒸氣熨斗，當然妳也可以視衣服材質，使用一般熨斗來燙。)如果說抖動衣服像在做拉筋動作，那麼燙衣服就像是有氧運動。因為過程需要用盡全力，所以一做完，常常感覺

圖片提供 @MaxMara

通體舒暢、精神抖擻,而燙過的衣服表現出來的神氣也是令人耳目一新;尤其襯衫、外套、長褲等剪裁筆挺的款式或絲、棉、麻等天然材質布料,更需要這道儀式的加持。

再者,感謝儀式並不限於出門前,回家之後,也會對辛苦陪伴我一整天的這套衣服進行儀式。這就像人們對待親愛的另一半或家裡小寶貝,出門前會聊天、擁抱對方,晚上大家回到家碰了面,同樣會關心對方、想再做些讓對方舒服或開心的事。所以回到家,換裝後同樣可以再對衣物進行感謝儀式。

千萬不要一回到家,就把外套、包包等衣物丟到沙發上,或者換上家居服時,把白天穿出去的衣服就往床上放!如果人回到家會覺得累,衣服也陪著主人在外面奔波一整天啊,它的狀態也肯定和出門前不同,而人可以自由行動,去喝茶、沖澡、聽音樂來消除疲憊,轉換心情;但衣服沒辦法,它只能靠主人來打理,如果對穿過的衣服沒有愛,下次它怎麼會有能量再陪妳亮麗出擊呢?

對待換下來的衣服一樣要充滿愛心,隨手就把衣服吊掛整齊並不是困難,即便是要換洗的衣服也應該分門別類後整整齊齊放進洗衣籃,並區分出要送洗的衣服。

針對穿過但還不須清洗的衣服，更要立刻用衣架吊起，不妨先晾在洗衣間、後陽台或家中專屬的晾曬衣服空間，讓衣服通風，利於在外面沾染的塵氣、穢氣消散，等隔天再收進衣櫥，如果是需要整燙的衣服則先用蒸氣熨斗燙過再予以收納。

感謝儀式也不只對衣服做，其他如包包、飾品和鞋子等也都需要妳的愛和感謝，畢竟它們同樣一路陪伴妳。

用愛與感謝去對待衣服，這是一份很重要的心意！

我總認為有心比會不會更重要，因為有心就會有意願和動力去思考，去學習什麼才是對衣服好的。我因為學有專長且長期浸淫於美的氛圍，可以分享這些觀念和經驗。而我只是比妳早出發而已，但是只要有心，妳就會朝提升魅力的方向前進，妳也可以開發出自己種種美麗的可能。有句話說：「師父領進門，修行在個人」，而且在所有門道中徒弟比師傅早得道的例子比比皆是。

美的修行是沒有先後、不分輸贏的，重要的是今天就要開始做。而第一步，就是用愛與感謝對待衣物。

盡展足下風情從照顧好鞋做起

一雙鞋對於打造女人魅力的功勞絕對不亞於衣服，它們承載主人的重量一整天，保護著主人的雙足，讓主人展現風情。鞋子的重要和辛苦，女人是最明白的，所以應該格外與之惺惺相惜！

Judy 家和許多家庭一樣，鞋櫃就設在玄關處，所以我也是一進門就換上舒適的室內鞋，不過，我會把當天穿過的鞋先整齊擺放在鞋櫃外，讓它在比較通風的環境消除濕氣與悶氣。另外，我也習慣把穿過的鞋做一番整理，藉以表達我對它的愛和感謝。

整理的方式很簡單，用一塊軟布把整雙鞋擦拭一遍，再上鞋油，之後塞入白棉紙或鞋撐，以固定鞋型，趁機就謝謝它，當我打心裡真誠感謝，擦拭的動作總會不自覺輕柔而且細膩，更不會因為疲累而不耐煩，不想去照顧它。完成儀式後，再把鞋整齊擺放進鞋櫃。日復一日，年復一年，就像人用對的方式保養肌膚，膚質就是會比較好，我的鞋有的已經穿了十幾年，依舊狀況非常好呢！

圖片提供 @MaxMara

圖片提供 @SCHUMACHER

魅力加分，讓念力助妳一臂之力

「我來、我見、我征服」，這是凱撒大帝留下的千古豪語；女人愛美的力道固然不必要如此鏗鏘，但是信心是絕對不能少。如果妳想變美，我可以斬釘截鐵告訴妳：「相信就能實現！不要有任何懷疑！」

近年來有不少書籍都在探討神祕的力量，而且是存在於我們自身的神祕力量。包括《祕密》、《吸引力法則》、《念力的祕密》等……這類書籍不僅越來越多，而且總是名列暢銷書排行榜，這反映了身處不安定的年代，以及末日傳說四起，讓越來越多的人期待藉由往內探索自己沉睡的力量，強化自己的信心和生存的勇氣。

很多人因為相信自己而獲得成功，也有很多人在堅定的信仰當中活得安然自在。姑且不論妳有沒有宗教信仰，要提醒的是，「相信」本身就是一股力量，而且相信得越深，力量就越大！

請一定要告訴自己「我相信我今天可以比昨天更漂亮」，只要妳是真心相信，妳就一定做得到。

相信的力量有多大，小天后蔡依林做了最佳的見證。

蔡依林剛出道時無辜清純的模樣，讓她以少男殺手的姿態立足歌壇。可惜的是，沒有舞蹈基礎加上缺乏運動神經，侷限了她的表演舞台。但是對照這幾年，她每次出專輯十足的巨星架勢，而每場演唱會也總讓人耳目一新。

這樣的蛻變正是來自她內心強大的念力。

蔡依林曾向媒體表示，自己不是天才而是「地才」，從同手同腳的笨拙舞姿到今天有能力挑戰各種高難度舞蹈和媲美奧運級的體操動作，靠的就是不斷練習再練習，因為知道自己天分差，所以一個動作別人可能練十遍就 ok，而她總得練上數十遍甚至上百遍，過程中傷痕累累，她卻從來沒想過放棄！

這是一種對美的堅持，儘管自嘲是地才，卻不代表她不能舞出一片天。她不只要舞得到位、還要舞出美感、舞出個人風格；沒天分沒關係，她相信自己做得到──這股巨大的念力終究回饋給她流行樂壇上極高的地位，讓她名利雙收。

相信正面的力量，會得到正面的結果，如果把相信用在負面思想，它的殺傷力也是驚人的。許多藝術家、創作者碰到創作瓶頸時會在酒精或毒品中尋求慰藉與靈感，這是他們誤信進入虛無空幻狀態可以產生電光石火的創作力。但事實是，不分中外，許多曾經紅極一時的偶像因為沾染毒品，而更加快速耗盡他的才華，甚至燒光生命的能量。

其實，不需借助外物，每個人都有無限潛能，可以幫助自己成功。

我相信我可以變得更美，我就會變得更美；
我相信我只是個平凡人、醜小鴨，那麼我就永遠變不了天鵝！

這樣的例子我們身邊俯拾皆是，一個不相信自己能力的人，當老闆交辦任務，他就開始負面思考，不斷告訴自己「我完蛋了，這件事情我肯定做不來，我一定會把事情搞砸的，說不定還會被老闆炒魷魚，我怎麼會這麼倒楣啊……」一個人這麼不相信自己，浪費時間在焦慮埋怨，如此「虔誠」地否定著自己，最後老天爺也只好成全他，讓他「順利」地把事情搞垮。
不少人面對困難時，只是一昧地責怪環境、責怪運氣、責怪他人，認為自己一定不會成功……請記住，當你開始負面思考時，負面能量已經開始運作，強烈的自我暗示下，失敗其實也是一種「心想事成」。

相信自己的人則是感謝老天讓自己有機會去做這件事，因為太想成功，所以卯足全力去準備，結果同樣得到老天爺的成全，真的成功了。當然也有可能事情還沒這麼順利，雖然努力了但能力和技巧還不足，所以也沒把事辦妥，但是他還是感謝這次機會，讓他得到磨練、長了經驗和智慧，結果下一次就成功了……

不過話說回來，人們還真「喜歡」否定自己，我這麼多年的工作經驗中，服務過各式各樣的客戶，即便是舞台上耀眼的藝人，他們也很習慣拿放大鏡看自己的缺點。難怪經常聽到客人向我抱怨：「我滿臉斑，不化濃妝怎麼見人！」「我年紀大了不適合裝可愛啦！」……否定、否定、再否定！我多麼希望客人到工作室來見我時會說：「Judy 老師妳覺不覺得我這身打扮還滿有個性的，我來找妳是想透過妳的專業眼光讓我變得更有特色、更具魅力。」不覺得擁抱這種想法的人，即使不夠完美，也比習慣否定自己的人有更多變美的空間嗎？

▌提升魅力，冥想這樣做

人必須全然相信自己，才能綻放出個人最獨特的光芒，冥想就是一種讓念力產生的儀式，可以讓自己更美及更有魅力。妳也可以透過冥想來強化自己「相信的力量」，讓這股念力轉化為最真實的魅力。

● 首先，找一個讓妳感到舒適的地方，或站或坐皆可。

● 接著，一手搞住心口，感受自己的心跳和體溫，請確實感受自己的存在 (生命就是一種奇蹟，妳一定要對這件事情有自覺)。

● 透過深呼吸，逐漸把妳的呼吸調慢、調勻。建議採用腹式呼吸法 (吸氣時讓氣抵丹田，此時腹部會脹起，呼氣時肚子則像洩氣的皮球一樣扁掉)，它可幫助呼吸進行更有效地新陳代謝並穩定情緒。

● 呼吸配合觀想。當吸氣時，把所有負面的人事物、心境，包括那些讓妳不舒服、不優雅的壞習慣，或者別人對妳的批評都吸進體內；呼氣時則把所有的喜悅、美好的能量和祝福都傾吐而出。

● 慢慢的，妳會發現嘴角不自覺上揚了，心也變得很柔軟、很愉悅。

● 最後，請盡情欣賞妳自己。看看鏡子裡面的妳是不是正閃爍著動人的光芒？

▎用慈悲的方法來進行冥想呼吸

當妳在進行呼吸配合觀想時，記得「把所有痛苦都吸進來，然後把所有喜悅都呼出去」！

是的，妳沒有看錯。

之前我和妳一樣，總覺得應該把好的吸進來、把壞的吐出去，我們才會得到更多好的能量，而且許多瑜伽或靜坐等課程也是這樣教我們；然而近年來，我從奧修的蛻變卡中發現這個呼吸法，裡面有個很妙的觀點：因為心很真實，它會給我們快樂、也會給我們痛苦，所以人會習慣避開心而用頭腦過生活，但奧修提醒我們，痛苦是要到達快樂的必經之路，如果人能覺知這點，就會接受痛苦，把它視為祝福。

而當人這麼體認的時候，痛苦的品質就會開始改變，人與痛苦將不再敵對，而成為朋友。心具有蛻變的力量，當飲進痛苦，它就會蛻變為喜悅。

正因為這種方法很美、很慈悲，簡直是不可思議，一開始我也曾質疑過。但奧修的話又突然出現在我的眼前，他說：「實驗它、經驗它，唯有當你自己感覺到它，你才信任它，否則不需要相信。」然後，我試了。奇妙的事情發生了！當我把人類的痛苦都吸進體內，我不但沒有痛苦，反而有種寧靜的感動，而且它讓我相信我有能力為這個世界付出。

親愛的朋友，當妳聽到了和自己認知相去甚遠的事情，不需要馬上相信，但也請別急著否定它。誠如奧修說的，去實驗、去經驗—就試試看，而且今天就做，馬上就有答案了，不是嗎？

冥想訓練不妨從日常生活中開始想，到底自己想給人什麼印象，再想想妳理想中的樣子。試著透過冥想強化自己的意念與信念，讓自己的內在思維與外在言行舉止，逐漸往自己理想的形象靠攏。這就是 Judy 希望妳透過冥想去體驗的美好功課。

▎提升魅力 冥想一定要有的信念

提升女性的「美麗與魅力」力量，就是要接受自己、接受別人、接納周遭的一切，展現女性特有的溫柔包容力。覺知到每位女性都是上天的傑作，獨一無二不可替代，魅力無限，而且擁有變美麗的神奇力量。

透過冥想結合自我肯定的暗示，來增強妳的正面能量，讓魅力由內而外閃耀光芒，冥想的內容可以和下面的信念結合——

● 鼓勵自己、幫自己打氣！對自己說：「我很幸福，因為我值得！」「今天我表現得很好喔，我值得熱烈的掌聲！」「我一定能夠瘦下來，再度穿上去年的迷你裙！」等等

● 我並不是光靠化妝、打扮變漂亮，我更是靠自己內在的力量變漂亮！

● 並不是只有名牌才能撐起一身的自信與美麗，但我有能力、預算買名牌，更證明我的美麗與實力是並駕齊驅的。

● 雖然我還搭不上名牌列車，但我還是可以從容自在的坐進美麗列車的頭等艙，因為我有堅定的美麗信仰。

● 我喜歡自己也喜歡別人，我順從自己對美的渴望，也接納別人對我的美麗建議 (但絕不盲從)。

● 我是上天的傑作，我獨一無二，無法複製，所以我無比珍貴！

● 美麗是我的使命，魅力是我的天賦，我，就是漂亮！

不論現在的妳在想什麼，接下來換妳上場了！請立刻在空白處寫下妳專屬的魅力宣言吧！

Judy 美麗心法

美麗的人知道美麗是重要的,這就是為什麼她們擁有美麗。而不美的人認
為美麗並不重要,這就是為什麼她們很難美麗。切記!妳所重視的事物會增
值,不重視的則會貶值,所以妳要與美麗維持健康的關係,並珍視它,妳就
會變得更美麗,但不要執著。

Chapter 3

最美
我自信

接受自己、喜歡自己，才能散發出自信美
即便不是大明星，也有讓人喜歡的魅力

自信是每個人都需要的心靈補品

▍花兒接受自己所以吐露芬芳

進入心靈的世界,讓我有一種無以言喻的滿足感。我相信每個人的心靈都
是一片寬闊又深邃的海洋,它既可以是一種空無的寧靜,也可以是擁有魚
群、珊瑚礁和各種生物的熱鬧。探索心靈,足以讓我們看見自我內在的豐
足與美麗,展現出自信的丰采。

每個人都可以選擇自己探索心靈的方法,近年來我常借助奧修 (OSHO) 的哲思來自我啟發。

奧修的「蛻變占卜卡」中,有一張主題是「接受自己」,其中紫羅蘭的智慧,讓我驚嘆不已。

故事裡的國王走進他的花園,發現園中的花草樹木都枯萎了。橡樹告訴國王說它之所以凋零,是因為自己無法長得像松樹那麼高;國王轉向松樹,發現松樹也是垂頭喪氣的,它也抱怨自己無法像葡萄藤一樣長出葡萄;國王接著看到葡萄藤也是奄奄一息,因為它也埋怨自己無法像玫瑰一樣開花……唯有紫羅蘭花開得很好,展現出生機盎然,國王很好奇的上前詢問。

紫羅蘭是這樣回答國王的:
「我認為當你種我的時候,就是想要看到紫羅蘭花開,你若是想要橡樹、葡萄藤或玫瑰,你就會種它們。既然你把我種在這兒,我就必須盡最大的力量長成你想要的。我只能成為我自己,盡我最大的力量完成你的願望。」

在一座花園裡面，如果玫瑰花只想變成蓮花，蓮花又想變成桃花，整個花園都將進入瘋狂狀態，瀕臨死亡。沒有人可以成為其他任何人，當你想變成其他人時，你就得偽裝自己，一旦你喪失了真實性，就無法真正享受生命，這樣的存在其實與死亡無異。

保持做自己，就能像花兒般盡情吐露芬芳；如果對自己永遠處在不滿狀態，就只會讓自己快速凋零。

《白雪公主》是我們從小耳熟能詳的童話，裡面的壞皇后，縱然擁有天下第一的姿色，依然每天不安的追問魔鏡：「誰是全世界最漂亮的人？」只有當魔鏡告訴她是全世界最漂亮的，她才能安心。然而當白雪公主長大，皇后的地位被取代時，她就懷恨在心，設下一連串圈套要害死白雪公主。皇后的悲劇在於她沒有隨著年歲增長而學會感恩，她更沒有智慧面對現實。貴為皇后，她原有很多可以發揮的空間，卻以為一旦美貌輸人就輸掉全世界，愚蠢地只執著於「全世界最漂亮的人」的虛名，嚴重缺乏自信的她，最後不但無法得到內心的平靜，反而淪為殺人凶手，害人不成反害己。

我總認為，人生有愛才會美，而圍困於權力和名利泥淖的解毒劑就是愛；如果皇后用欣賞與愛的心態對待白雪公主，整個故事都會不一樣。

▍每個人都是因為被需要而存在的

人生很大的課題在於我們必須學習克服心魔，每個人多多少少總是會在一些事情上和自己過不去；不論是年齡、外貌、社經地位或收入、財產等，好還要更好，多還要更多。因為執著太深，而把人生走偏了。

追求外表的美或更高的收入都是無可厚非，我並不是在鼓勵大家安於現狀，或做個與世無爭的江湖散人。我反而認為每個人都需要進步的原動力，但關鍵在於，我們要進步，我們要讓自己變美，我們要每天都給自己幸福的祝福……做這些事是因為我們自己想要，我們有一個正確的出發點，所以透過努力，我們就可能得到，而不是去和別人比較，或者是因為嫌棄自己而做改變。

奧修說：如果神想要佛陀，祂會創造出很多佛陀，但祂只創造出一個佛陀，這樣祂就滿足了，自彼時起，祂再也沒有創造出另一個佛陀或另一個基督，反而創造出你──請想想造物主是如何看重你！你是被需要的，所以你才會在這裡。

每個人都是這個世界上獨一無二的個體，你不可能變成別人、如同別人再怎麼樣也不可能成為你。所以請接受自己、愛自己、並為自己喝采！奧修說：「唯有當一個人能夠深深地接受自己、接受別人和接受世界，才可能有愛。接受會創造出那個使愛能夠成長的氛圍，接受會創造出那個使愛能夠開花的土壤。」

很多女人說「我就是皮膚不夠好才需要化妝」、「我就是腿不夠長才要穿高跟鞋」；但是也有女人說「化妝讓自己氣色好，別人看了也舒服」，「穿上高跟鞋會讓自己隨時抬頭挺胸，感覺神采飛揚」。這兩派女人雖然做的是同樣的事，但前者排斥自己、後者接受自己，不同思維的女人所看見的世界絕對是截然不同，而她們展現的舉止、氣質與風貌也會不一樣，妳覺得哪一種女人比較美呢？

▌自信產生美、不必瘋整型

女人到底是因為自信而變得美麗，或者是
因為美麗而擁有自信？

對於許多懷抱錯誤思維的人來說，或許她
們只相信美麗會帶來自信，對我而言，所
有有自信的女人都是美麗的！

美麗是一個人外表、談吐、舉止與氣質等
的綜合展現，而談吐、舉止與氣質等又
和一個人的品格、思維、胸襟、內在涵養
等息息相關；當一個人品德端正、內在豐
厚，便容易因滿足而產生自信，舉止言
談也自成一格，隨時揮灑著屬於自己的
姿態。這就是一種美，而且是一種超越種
族、年齡、身材等世俗標準的公認美感。

所以當我們看到陳樹菊，不論是在台東的
市場賣菜的她，還是因為樂善好施而榮登

圖片提供 @Albert Ferretti

國際媒體的她，那淡定的神情、清雅素樸的模樣，就是一種令人安心、足以教化人心的美。美國第一夫人蜜雪兒‧歐巴馬（Michelle Obama）在美國總統就職大典上，穿上了當時還只是新銳設計師吳季剛所設計的禮服，贏得時尚界的讚揚，所表現出來的就是一種高度的自信美；蜜雪兒相信自己的時尚品味和自己的身型特色，舉止大氣雍容，不論在正式場合或私下的穿著，並不盲從時尚，也不以高端名牌為選擇依歸，她所展現的俐落時尚就是一種好品味。

追求外表的美麗並不是膚淺的事，但是如果把表象的美視為唯一，這樣的人生未免太狹隘、太乏味。我再次強調：思維錯誤，不論做什麼結果都會是錯的。

現代人「瘋整型」就是一個很顯著的例子。醫學界投入整型領域的初衷，是為了那些不幸的人，不論是唇顎裂、局部肌張力不全或燒燙傷的病人等等；我相信他們在接受整型手術時一定是充滿感恩，對於術後的人生也有很多美麗的想像，這樣的心態才會產生正面能量。然而現在有太多女性熱衷整型，並不是因為她們需要，而是欲求不滿，說穿了就是一個「貪」字作祟。

觀察現在出入醫美診所的，通常都是小有姿色的女性，但是她們總是不滿足，所以割雙眼皮、隆山根、墊下巴、整臉型、隆乳、抽脂……無所不用其極地想讓自己變得更美。所謂「整型整上癮」的人，或者是隨時惦記著要「進廠維修」的人，即便能整成維納斯般絕世美態，其實，也談不上是個漂亮的人。因為心不滿足、沒有辦法肯定自己的身體髮膚，往往容易負面思考，這樣的人沒有辦法帶給自己和周遭的人幸福，而和幸福絕緣的人何來美的樣貌！

Judy 美麗心法

想要美麗，動機也很重要，如果是因為恐懼失去或因為留住某人而想變美麗，那麼美麗永遠不會為妳帶來快樂。因為，出自自願的意圖與行動才是完整的，才能帶給妳喜悅的狀態。

▌自信就在於悅納自己的外表

人類的審美觀和對事物的好惡，有時候是令人驚異的相左。「燕瘦環肥」說的正是兩個極端類型的美女，而或許妳也看過一對情侶或夫妻外表極不相配，我們往往也只能用「情人眼裡出西施」來解釋。

而一般人對五官、身型的優缺點認知，大致是認為鵝蛋臉、高挑、纖細、臉上無瑕、嘴形大小適中和擁有豐滿的上圍等為優；而多角的臉型、矮小、肥胖、臉上有痣、大嘴巴和平胸為不優。

話雖如此，然而船王之妻賈桂林‧歐納西斯，卻是時尚界公認的美女，而她的臉型正是所謂的有稜有角，但卻成為她與眾不同的特質；美國名模辛蒂‧克勞馥嘴角上方有一顆明顯的痣，聽說她常因此感到懊惱，甚至想把它點掉，但因粉絲反對而作罷，因為對她的粉絲來說，那顆痣正是她的性感象徵和魅力所在。有義大利最性感女人美稱的蘇菲亞‧羅蘭，她的招牌大嘴也困擾過年輕時的她，所幸製作人卡羅‧龐提 (為蘇菲亞的先生兼提攜恩人) 慧眼識英雌，刻意突顯其大嘴而為她塑造出有個人風格的性感象徵，從此星運大開；她在邁入七十高齡後，因拒絕整型並保持高雅氣質，而獲一項網路票選評選為全球最「自然美」的名人。

圖片來源 @PHILOSOPHY

圖片來源 @SCHUMACHER

反觀東方世界，多數藝人一窩蜂進行祕密豐胸手術，不過我赫然發現香港百變天后鄭秀文不但沒趕隆乳風潮，還曾在演唱會上穿著貼身背心，而且裡面既沒有 NuBra、水餃墊，也沒有利用封箱膠帶進行「造山運動」；她就是很坦蕩地接受了她的平胸，所以不介意將身材的原貌展現在歌迷面前。我想那一刻的鄭秀文是比任何時候都有自信，她相信她的歌藝、舞台表演就足以讓歌迷如癡如醉，胸前渺小又何須罣礙，而這不正是天后該有的氣度嗎！

而在台灣擁有「偶像劇一媽」稱號的林美秀，則是另一種自信的典型；林美秀早期曾是藍心湄舞群的班底，可以想像當時的她身材婀娜多姿，秀場沒落後林美秀轉戰演藝圈，也逐漸心寬體胖；但她並不像時下許多愛美的人以減肥為職志，而是以她收放自如的表演功力獲得肯定，且成為偶像劇主角媽媽的首選人物。不論精準詮釋戲劇角色、廣告中爽朗的笑聲或沒有包袱的表演方式，都深深吸引著觀眾的目光，林美秀的魅力在於她是個稱職的演員，而且忠於「獨一無二的林美秀」這個角色。

我堅持自信才是女人的最佳滋養，而且自信所展現的美比任何化妝品都來的有吸引力。

一百個自信的女人就有一百種美的風貌，而且不論是陳樹菊、蜜雪兒·歐巴馬、鄭秀文或林美秀等人，她們的自信都不是因為她們自認擁有絕代風華之美、更不像驕傲的孔雀老是把下巴抬得高高，她們就是接受自己、做自己，以天命為依歸，因而創造出獨一無二的氣質，也帶給世界美的多元視野。

Judy朱有話說

整型，行不行？

現代的「壞皇后們」已經不會再拿毒蘋果害人了，因為她們正忙著整型，但是無所不用其極地破壞身體原本的樣貌，不僅突顯了一個人矯飾造作的醜態；同樣令人擔心的是，自己能否預知十年、二十年後，身體會不會對妳進行反撲？是否想過整型除了金錢之外，背後還可能付出的代價？現在這個問題的答案連醫生也不知道，或許答案只有上帝知道吧……

美是不斷成長的動力

在我成長的過程中，正巧是台灣盛行升學主義的年代；從小到大功課都不算出色，但因為愛美，不曾停止過學習的腳步。在國內受完大學教育後，繼續到新加坡精進英語、又到英國攻讀服裝設計，在我的花樣年華裡，貪婪地吸收著任何美學的養分。直到今天我仍持續不斷地進修，尤其是心靈成長的學習從未停止，所以我很肯定的是，愛美不僅存在於我的感性、也是我知性成長的原動力。

我在新加坡就讀 Cuppage Plaza 語言學校，期待能學好英語，為我打開眺望全世界的窗口。之後，又在「晶點服裝美容學院」研習服裝設計的入門課程；

新加坡本身就是個民族大融爐，國際化程度很深，在那裡見識了形形色色不同於台灣的人事物，確實開拓了我的國際視野。同時我也開始更廣泛接觸各大國際知名品牌，探究品牌背後的設計風格，以及用料、剪裁、裝飾等細節的呈現。不過，那時對服裝設計仍止於粗淺的概念。

但本著對美的熱情，我簡直是初生之犢不畏虎，竟然動心起念，投奔到時尚殿堂倫敦的懷抱。為了往後求學更順利，我仍先進入 Colchester English Study Centre 語言學校練好英文，並一邊申請巴納特學院 (BARNET COLLEGE) 的服裝設計。

巴納特是公立學校，進入門檻較高，而我只憑著在新加坡學到的服裝設計皮毛概念就準備申請入學。如今回想，那時只是無知的自信，完全不知道自己所挑戰的是高出自己程度很多的目標；不過話說回來，如果不是當時年輕的熱情，我那無知的自信可能會被消磨成人生中的陰影，甚至因此感到自卑。所以我感謝上天在我羽翼單薄時送給我斗大的膽量，我才有機會淬鍊出根深柢固的自信，成為我人生中最大的資產。

當我進行入學口試時，主考官問我認識哪些設計師、知道哪些品牌，以及當季設計大獎的得主是誰等等，對科班出身的學生來說是基本常識的問題，但

當時我對時尚領域的涉獵尚不足，很顯然我的回答並沒有獲得主考官的肯定。

唯一慶幸的是，我很認真融入當地文化，記住我寄宿家庭主人對我說的：「英國人講究的是實事求是，而且重視誠實，當你懂你就要明確表達，對於不懂的也要坦白承認，不要想矇騙。」所以雖然我回答內容不如人意，但態度真誠已經給主考官留下不錯的印象。

不過他們看了我的作品後，都直指我的圖畫得不好，不懂設計又沒有做衣服的經驗，他們質疑我：「怎麼會想念服裝設計？」

而我的回答是：「No one knows until he try.」（還沒試怎麼知道不行？）

我用我學習英語的過程說服他們：我的英文程度本來很差，當有人問：
「Where are you from ？」我都要想半天才能意會，接著還要想更久才有辦法
回答；我是從這樣的程度到今天，你們都肯定我的英語表達能力、可以理解
我的話語，可見任何事情都有可能發生。

我還當場發下豪語：「對我來說，缺的只是機會，如果你們不願意給我機會，

或許這個世界就會因此失去一個很優秀的設計師呢！」

一番答辯後，主考官們對於要不要收我這個學生依舊很掙扎，因為我強烈表達出我的自信，和願意努力的決心，然而我帶去的所有資料都顯示我不符資格……。等待一段時間後，我再度被傳喚進考場，他們告訴我：「妳錄取了，但如果學不好，馬上就會被退學。」主考官還強調：「絕對會讓妳退學！」

我也不甘示弱地落下一句：「Fair enough!」（很公平啊！）

從此，展開我在英國苦讀的生涯。

▋ 用決心成就自己的桂冠

巴納特學院以造型和設計課程聞名，能夠入學的學生大多已擁有扎實的服裝設計基礎；甚至，擁有實務經驗的也不在少數，而且大家的衣著表現和品味都很出眾，經常令我暗自激賞。

但欣賞他們的品味是一回事，人際關係上的格格不入又是另一回事；由於我是校園裡難得一見的黃種人，可以感受到同學對我有些排斥，他們會在進行展演時刻意干擾，讓我的作業進度受阻。另外，我在課堂上愛發問也是出了名，那是因為一開始我的程度確實是不如同學，所以我問的問題對他們來說僅僅是常識，不要說同學了，就連老師都很受不了。當時明知自己頻頻發問很「顧人怨」，但我覺得如果碰到問題不弄清楚，接下來的課就形同白上。所以我還是厚著臉皮不斷問問題。直到有一回的實作課程，我還是凡事必問，而老師竟當著全班同學的面前對我嘶吼：「不准再問了！」

我與巴納特學院教授 Carol

我整個人愣住，但還是試圖解釋，我說：「憑什麼不讓我問，這裡是教室，發問是我的權利，為我解惑是你的責任，我為什麼不能問？」

老師當下憤怒到極點，他不做解釋，只對我說：「就從現在起離我遠點！再也不准妳問任何問題！」

我尷尬難堪到了極點，但我知道自己不能任性耍脾氣，所以就隱忍下來；當時內心受傷的我，還在心裡想著，將來我要是成名了，我才不要感謝你！

事後，我的課業還是得繼續；遇到問題時，我還是習慣性地想發問，但想起老師的要求，我只好忍耐，試著自己想辦法解決。沒想到，這是一個奇妙的化學變化，一旦不能發問後，我的進步飛速。後來我才了解老師不讓我發問的原因，原來「設計」工作的重點就是原創、創意、獨立和時間的掌控。老師認為我不斷問問題，顯示我依賴性高，不能獨立思考、獨立作業，如果無法突破，怎麼有辦法獨立完成作品呢？還記得老師曾反問我：「妳是不是將來回台灣，每次工作上遇到問題，也要不斷打電話來問呢？是不是顏色怎麼選、鈕扣怎麼配，妳也都要問？」不許發問，是希望我在碰到問題時，不要總是未經思考就急著求救，而應該給自己時間沉澱，冷靜找出解決方法。一直到現在，我都不得不承認，這種讓自己獨立的訓練，對於我的美學風格形成確實是有很大幫助。

在巴納特求學過程中，我遇到很多困難，我總是不閃不躲，想方設法一一克服；我想，當年很多留學生也跟我一樣，覺得出國就代表台灣，絕不能丟台灣人的臉，更何況我學的是最昂貴的課程之一，我粗估，連同新加坡與英國求學的學費，總計有幾百萬元！更不用說我最寶貴的青春都留在那兒，如果學無所成，根本沒有辦法對自己的人生交代。所以我認真學習，四處找資料，熬夜、犧牲假期也在所不惜。結果，我從一個不被看好的學生，到最後以 Distinction(最高榮譽) 等級畢業；面對這段豐收的過程，我在畢業感言中寫下：

"I am not now that which I was. It is determination not situation which desides one's fate." 意即：我已不再是吳下阿蒙，決定一個人命運的是決心而非處境。

我認為在一生當中，曾經用盡心力去追求一種嚮往的境界，那便是最高的榮耀，在這條艱辛的求學路上，我寂寞但不孤獨，我備受打擊但不曾喪志，我從凡事依賴、嚴重缺乏自信到獨立自主且自信滿滿，一路支持我，直到戴上榮耀桂冠的，正是對美的堅持。

▍妳的自信妳的丰采

每個人都是宇宙間獨一無二的存在，所有人都有無可取代的價值，但為什麼一般人總是羨慕明星或模特兒的丰采？答案很簡單，他們之所以得到眾人的讚美與青睞，主要來自他們的自信。因為自信，所以他們笑容可掬，台步穩健，神采飛揚。就算在伸展台上跌倒，也能神態自若站起來繼續完成工作。公眾人物看似光鮮亮麗，其實也承受著很大的壓力，如果缺乏自信，即使只是一次挫折，也很容易從此消失於舞台上。

近年來歐美時尚圈吹起了「門牙有縫」的風潮，包括荷蘭名模勞拉‧史東（Lara Stone）、澳洲內衣名模潔西‧哈特（Jess Hart），與名模喬治亞‧傑格（Georgia Jagger）等都是代表人物，連美國歌壇大姐大瑪丹娜也是箇中人物。

和東方人追求完美的外在形象有別，西方人會把那不完美的部分視為自己的特色，而不以為恥；她們不因這「缺陷」就羞於啟齒，該張嘴、該咧嘴笑的時候照樣落落大方，也因為自信的表現把觀眾都催眠了。西方時尚界人士就認為，「怪美女」會讓人忍不住多看兩眼，所以當她們展示服裝時，也會讓人以嶄新的觀點來看待。門牙有縫、滿臉雀斑甚至皺紋，都給人更有個性的感覺。而在人高馬大的西方世界，童星起家、身高只有 163 公分的史嘉蕾‧喬韓森（Scarlett Johansson）可沒把心思放在「矮人一截」上，現在的她已經是好萊塢當紅的性感尤物！

所以請不要因為平胸而自卑，它能呈現豐滿女性所沒有的中性幹練氣質；也毋須因身材矮小而難過，因為即使到了四十歲還能給人小鳥依人的年輕女孩感覺；天生皮膚黝黑更不是原罪，健康的形象說不定能為妳吸引到陽光男孩！接受自己、喜歡自己，才能散發出自信美，即便不是大明星，也有讓人喜歡的魅力。

相反的，如果不斷對自己長相、身材、膚況與膚色等抱持負面的想法，那麼就算把鼻子墊高、法令紋皺紋撫平、讓皮膚變白皙，所呈現的不過是毫無生氣的樣貌，妳還是會繼續對自己吹毛求疵。不滿意自己的外表，長期與之對抗，在某個層面上妳與自己已經變成敵人，在此狀態下，所有好事都會變成壞事 —— 譬如妳會把別人對妳的讚美當成諷刺，妳也會把歲月的恩賜視為無奈，甚至把自己的特色當成詛咒 —— 因為妳的思維並不正確，所以就算做了對的事，結果也不會是好的。請盡可能用欣賞與感激的心情去對待妳的身形、五官和肌膚，它們也會用好的能量和結果回報妳。

身為專業時尚造型顧問，我也希望打破名牌的迷思。很多女人一旦身上沒有名牌就沒有安全感，也有人認為自己是因為沒錢買漂亮衣服才缺乏自信。從這邏輯反推，妳的安全感和自信完全要靠外在補給，如果只有在穿上新衣和高級品牌服飾時才有自信，這充其量只不過是一種脆弱而不牢靠的美。妳要知道，強撐起來的架勢並不是自信，反而會隱隱約約的透露出妳的不安或淺薄，這對妳和妳的衣服都是不公平和可悲的事。

▌ 成為自己「心情」的主人

很多年輕學子問我,「如何變得有自信?」方法很多,其中最簡單的就是讓自己成為「心情」的主人。

每個人多少都曾遇過被別人批評外型或穿著,負面的言語不論是善意或惡意,總是讓人不舒服甚至對人造成傷害;但請記住,因為被嫌棄而鑽進自怨自憐的牛角尖,或因被閒言閒語中傷而生氣,當你的情緒隨著別人的話語而起舞,你就已經不再是自己心情的主人,而為了閃躲這些話、逃避這些批評、對抗這些不順自己的態度,你的心就會越走越偏,自信也跟著日漸流失。

而成為心情的主人,就是要保持「你說你的,聽不聽由我」的理性覺知 —— 只是聽,什麼事都不要做、也不要反應。畢竟他人的認同或否定都只是過眼雲煙,沒有必要為了一時而刻意迎合別人或做改變。你要做的就是先建立自信,再以原有的個性特質調整出最適合的造型。

我曾為一場癌症之友表演活動訓練癌友們走台步,這些美麗的天使們一開始因為病體羸弱,要把路走得輕盈、自然都有困難,更不用說走伸展台了。她們也因為可能做不好而顯得焦慮,於是我鼓勵她們:我們本來就不是模特兒,不會走台步很正常。現在要做的就是盡可能控制我們的身體,只要練習不要垂頭彎腰,把頭抬高、身體挺直,重心放腳跟上,專注在我們的腳步可以和音樂融合,而不要去想別人怎麼看待我!

結果，那是一場令人感動的表演，因為她們展現了自信！

別人怎麼看自己，在很多時候真的不那麼重要，因為只有自己知道自己是誰、擁有怎麼樣的丰采。

如果不想在別人的審美觀和價值觀中載浮載沉，妳就必須要有主宰自己心境和生活的能力，而第一步就是不要讓別人擺布妳的心，成為自己心情的主人，才能成為獨特魅力的女人。

Judy 美麗心法

造型完成後，對著鏡子，面帶微笑，深呼吸、慢慢吐氣，然後輕闔雙眼，把妳的右手掌放在心口上，感覺很多很多的愛正流向妳，妳是幸福及被珍愛的，再睜開眼睛，對著鏡中的自己說：「漂亮！」

▌邁出自信 確認走在對的道路上

女人對美的認知，一開始會以別人的眼光來評斷自己的美醜，等到第一次改變造型，以新衣與彩妝變身美人，才赫然發現自己也有資格進到美麗的大門內。

漂亮的衣服為女人帶來勇氣，邁出自信的第一步，但妳還是得確定自己是否走對了道路。儘管服飾與妝容為妳帶來美麗、和拓展社交圈的通行證，但請想想自己是否沉迷於眾人的讚美，不自覺的盲目追求流行，開始大量購買服飾，迷戀起濃妝豔抹的自己，而忘了自己原本的模樣？
女人不該如此！如果妳僅依靠華服與濃妝來獲得自信，其實妳心知肚明，一旦褪去美麗的衣裳和妝容，妳還是一隻自卑的醜小鴨。

女人要充實內涵不要盲目購物，因為漂亮的東西是買不完的，在現代商業運作模式下，櫥窗裡的每件衣飾都在吸引妳的目光，讓妳產生買下它的渴望。然而，買下之後呢？是否符合妳的實際需要？

學習轉身，學習放下吧！一旦發現自己走在錯誤的路上，要有及時回頭的勇氣，譬如，我在巴納特學院原本學服裝設計，但漸漸的，我發現自己沒辦法成為頂尖設計師，這點自知之明非但沒有讓我失落，反而讓我找到自己的方向，雖然我原創的天賦不足，但我擅長整合再創造，所以我在最後一年毅然轉攻造型，從此之後我彷彿開了竅，作品也開始獲得師長的青睞。學成歸國後，就開始了造型師的生涯，也為我的顧客們開啟了一個風光明媚的造型美學視窗，引導大家探索個人專屬的美麗密碼。

▌找對造型師 建立好形象

直到今天很多人仍然把造型當作名媛貴婦的專利，更把造型師當成購買名牌的顧問，以至於社會大眾對於找造型師做造型這件事依然卻步。所以我想跟大家分享所謂「形象顧問及造型師」的工作內涵。

很多人對我的職業好奇，常有人問我：「形象是什麼？」

簡單來說，當一個人的穿著打扮，配合他的言談舉止，長期累積下來，給外界的整體印象。換句話說，形象不是一天就能建立的，它需要時間來蘊釀，例如我們從電影中看到的奧黛麗‧赫本，一直是骨感而清麗的，而凱薩琳‧丹尼芙則是從容優雅的，而鳳飛飛則以帽子歌后成為她最鮮明的印記，這就是她們的形象，也是深植世人心中的美。

假設一個常做中性打扮的同事，突然穿得很 Lady，而且還上了彩妝，我們就會猜想她可能交了新男朋友，或者下了班要去約會；如果一個平常穿著中規中矩的朋友，突然穿上豹紋裝或燙了爆炸頭，大家總會認為她最近應該是發生了什麼特別的事⋯⋯。

形象就是這麼奇妙，它傳達了很多語言之外的訊息，也留給別人許多想像的空間。

而形象顧問的工作，就是透過專業的眼光，讓一個人的特質得以展現，據此建立起妳的專屬形象，所以專業造型師在工作中，或許會參考名人的造型，流行的資訊，但都僅止於參考，因為造型的目的是在挖掘個人的特質而非把妳改造成另一個人，所以必須對妳的生活型態、需求及職業屬性等都有所了解，如此才能把對的元素放在妳身上，而不是去抄襲或模仿。

建立起個人的專屬形象後，妳可以省下許多嘗試錯誤的時間和金錢成本，也不需耗精竭慮去維持，就可以每天有形有款，所以求助於專業造型師建立妳的形象，可以讓妳更從容且自信，這也是身為現代女子必修的美麗學分。

當然，形象除了衣著外，還包括髮型、膚質、身材等都會影響別人對妳的觀感，而讓妳呈現出整體協調的美感，才是稱職的專業造型師。

我也明白除了因為對造型師的工作內涵不了解外，很多人也因為怕多花一筆造型顧問費用而錯失了為自己整體美加分的機會，但我認為每個愛自己的女人一定要有學習裝扮自己的預算，而這預算當中則需包含造型諮詢的費用。

▎ 造型師能夠為客戶帶來的效益

● **風格定位**：不論是對流行時尚多有定見、對美學多有自信的人，每個人看自己都有盲點，如果能夠透過專業的角度為妳的風格做定位，所呈現出來的妳將會別有一番新意。

● **為過季衣服改頭換面**：Judy 不斷強調，正確的定義是節儉不浪費，所以造型師不應該讓客人每季都買下過多服飾，而是為新舊衣物創造出更多令人讚嘆的效果，從這個角度來看，造型師反而可以幫客人省下許多不必花費的預算。

Chapter 3 最美 我自信

● **為衣物採購做規劃**：專業造型師對於各大品牌的精神、風格、剪裁、材質等較大眾更為深入，加上對顧客的職業、身型、體態、膚色、喜好等有客觀的了解，可以提供顧客採購上的專業建議，讓顧客買的更精準。

● **提供快速有效的資源**：造型師可以依顧客需求介紹適合的髮型師、彩妝師、值得信賴的店家、造型師本身的私房採購基地，甚至進行整型、微整型的分析與建議，讓顧客無須奔波、打聽，就能快速解決外形上的問題。

● **對顧客外形的全面觀照**：當顧客因為體態的關係、體形的改變或健康的問題而失去自信，因此求助於造型師，造型師必須有能力依她當下的狀態為她做出最好的造型。此外，也要能洞悉顧客的問題，例如膚質不好或髮型不適合，這會讓形象大減分，盡職的造型師會建議顧客做好皮膚保養或換個好髮型，而不是一昧的要顧客掏腰包買衣服。同樣的，看到顧客氣色不佳，如果對方預算有限，也應該請對方將錢先花在養好身體，如果人生的每項資產都是一個零，那麼不論妳有多少個零，健康就是最前面的那個 1，沒有 1，後面的零再多都是惘然。身體健康，追求美才有意義。

造型師的專業內涵

● 具備對線條與色彩的敏銳度

亦即有能力用冷暖色或不協調的色調創造出獨特的美感,而對線條的有力拿捏才能呈現專業的強度。因為完美的造型總是藏在細節裡。

● 懂打版和做衣服

這有助於造型師更懂得利用服裝來修飾身型,例如穿上一件外套,後背多出一些布而顯得不平順,造型師會知道是穿者後腰部太凹,只要把多餘的布往上提後車掉就會平整。所以對身型特色十分了解,加上懂衣服製作,才能利用視覺再造的方式讓衣服穿起來更完美。

● 懂彩妝及髮型

造型師必須能夠掌握顧客從頭到腳的完整性,因此造型師雖不必具備一流的手藝,但了解彩妝及髮型,才會知道什麼樣的髮型、彩妝適合顧客與找哪位彩妝師或髮型設計師配合。

● 流行趨勢的掌握

造型師應具備新舊衣物混搭與創造的能力,所以造型師不只要了解當季的流行趨勢,也要有領先 9 到 12 個月流行的先見,能夠預見流行,當季所採購的服飾才不會有快速退流行之虞。

● 心理學知識的涉獵

美麗和心理狀態息息相關,造型師要設計出顧客滿意的造型,就要從破解客戶內在的盲點和弱點做起,進而提升其自信心,如此才能在效率工作下,產生圓滿的結果。

● 對工作的熱情

造型工作相當瑣碎,所以除了專業知識外,一定要具備十足的熱情,才能產生如魚得水的快樂。

Chapter 4 一開始就要擁有正確的服飾

買衣服、穿衣服，都需要不凡的智慧
感性與理性並存，收拾衣櫃、整理心情
穿出神采奕奕的妳──

▍正確從節儉不浪費做起

與衣物建立起深刻的連結，達到「人衣合一」的境界，衣服所做的就不只是遮身蔽體的物理性功能，它還會讓妳顯得風姿別具、自信且迷人。而這種人與衣合而為一的化學變化，只有透過感謝儀式與冥想的加持，才能昇華妳的內在能量，讓妳無時不美、無處不美！

很多人都說衣服是挑人穿的，但越深入造型世界，我益發相信除非是剪裁和版型真的穿不了，否則只要妳和衣服意念相通，衣服就能為妳增添姿色，妳和衣物就能相得益彰。

不過對很多人來說，日積月累養成的壞習慣，確實也讓愛美女性總是因為買錯衣服而無法真正享受穿衣打扮的樂趣。因此，從現在開始養成正確購物習慣，買到正確服飾的機率將大大提升。這也是讓妳在通往美麗的旅途中不至於太奔波、太挫折的必做功課。

圖片來源 @Temperley

▎正確就是不浪費

什麼是正確的購物習慣？

正確的前提就是不浪費，而女人的浪費通常就從換季大採購開始！

女人很容易陷入一種迷思，那就是為了怕浪費而在換季拍賣時才開始採購；如果多年來，妳一直以這種方式消費，不妨仔細想想，是否真的撿到便宜？

下面的情境和結果，對妳而言是否很熟悉？

● 情境一

換季折扣期許多賣場與商店不提供試穿、有的甚至不提供退換貨，消費者只能憑著自己或店家目測來決定尺寸合不合、或穿起來好不好看，有些人為了貪小便宜、甚至不是自己尺碼的衣服也硬著頭皮買下來。買回家之後，不是根本不能穿就是穿起來很彆扭。

● 情境二

女人經常以打折後省下多少錢為訴求，讓自己掉入「買到賺到」的陷阱裡，所以採買起來毫不手軟；在衣物以全價出售時還會精挑細選，但一碰上打折，只要是名牌或稍微看得順眼的便全部打包，結果就是家裡多了一堆無法搭配的單品或可能永遠也穿不上的衣服。

圖片提供 @DAMIANI

● **情境三**

衣服越堆越多，衣櫃永遠處於爆滿狀態，只好另覓容身之處，於是客房衣櫥變成妳的專屬，老公的書房、小寶貝的房間也偷偷塞了許多妳的戰利品……

自以為是的節儉行為，結果不但多花了更多不必花的錢，家裡還到處衣滿為患，影響到居家生活品質甚至家人的情感。

換季大採購是節儉還是浪費？採購一堆無用武之地的行頭是增添了妳的女人味，還是讓妳的邋遢指數飆高？妳找到答案了嗎？

正確的採買衣服原則是：有需要才購買，如果沒有需要就不要買。

所以當妳需要一件晚禮服，而衣櫥裡沒有，那麼就去買一件晚禮服；如果妳缺的是基本款就買基本款。並且要特別記住，如果今天購買的標的是一雙休閒便鞋，請千萬不要以「這個包包在向我招手」或「這件外套上明明就寫了我的名字」等理由，而「順便」把它帶回家，即便它很便宜、即便它很特別。除非可以百分百確認有場合使用它、而且馬上就用的著它。

購物一定是因為有需求才有所行動，不要輕易動搖目標，或隨性的為自己羅織各種購物的藉口，才不會因為一堆莫須有的誘惑而造成浪費行為及浪費的後果。

Judy朱有話說

什麼是浪費？

● 換季大採購是嚴重浪費的行為

● 買了用不到 (或都不用) 就是浪費

● 買過多廉價品—花了錢一樣難登大雅之堂，這絕對是浪費

● 不懂愛惜衣物—不擦鞋、不摺衣、不整燙……加速衣服折舊當然是浪費

什麼是節儉？

● 自己能做的事絕不假手他人

● 願意學習服飾搭配技巧，讓舊衣服也能穿出新品味

● 讓身材維持標準，衣服就容易穿得好看，便無須動輒添購

● 懂得照顧及珍愛服飾，讓每件服飾都能穿戴幾年

對的理由才能買到對的衣服

有一對貧窮但很恩愛的夫妻，彼此都想在特別的日子裡送對方一個難忘的禮物。於是先生偷偷把珍藏的手錶賣掉，為妻子買了一對漂亮的髮夾；妻子知道先生很鍾愛他的手錶，為了買錶帶，妻子也偷偷地把她那一頭美麗的秀髮剪去變賣……當他們為對方送上禮物時，才發現他們精心挑選的禮物對方再也用不上了，可是他們對對方的愛卻更是有增無減。

分享這個故事，是要提醒讀者：對的理由就算買到錯的東西，其結果也會是對的；但是錯誤的理由儘管買到對的東西，結果也會是錯的。

以愛為名，這個對的理由讓雙方即使買錯了禮物，仍然得到一個正確的結果。

在買衣服上也是如此，假設朋友都說妳衣服的顏色太暗沉，感覺缺少活力，剛好妳最近心情也很悶，做事情老是不順，心血來潮想讓自己改頭換面一番，於是去買了一件從來沒嘗試過的水藍洋裝；或許妳最近長痘痘膚況不好、或原本膚色偏黃，其實並不適合這顏色，但因為妳滿心希望自己變得更好，所以大膽穿了從未嘗試過的顏色，帶著這分新鮮感，妳的笑容變多了、妳與

他人眼光交集的次數也增加了。這種好的能量會讓別人也看到妳的改變，感受到妳前所未有的活力，從大膽嘗試到顛覆他人成見，妳很有機會因為一個好的出發點，而得到一個對的結果，例如學習更精確的穿搭、認真保養肌膚、開始愛上微笑……

錯誤的理由也是不勝枚舉，譬如為了炫耀財富所以狂買名牌，因為夫妻感情不好所以盡情揮霍老公的錢，因為莫名其妙被責罵所以買衣服洩恨，還有，反正便宜買回來不能穿也不會心疼……

因為種種錯誤理由而買的衣服，就不會被珍惜，而既然妳不珍愛它、它也會以同樣冰冷的態度回應；即使名牌上身，也穿不出那分精緻優雅與高貴氣質，所有問題就出在一個錯誤的出發點上。

圖片來源 @SCHUMACHER

正確的原則就是，很清楚自己的需求，妳是因為需要它才帶它回家，帶回家
後還要用心照顧它，讓它和家中原本的成員可以好好相處 —— 這些都做得
到，我就會鼓勵妳，買吧，因為妳值得擁有！

▋ 採購正確服飾的原則

- 理由正確、出發點正確，永遠是最先的考量。
- 買適合妳的個性與風格的衣服。
- 要能感覺舒適，穿戴起來才會有自信，如果為了創造新鮮感而改變採買方
  針，不妨從飾品、配件著手，逐步改變比較不會有過渡期不適應的困擾。
- 一定要有適合的場合穿。
- 不要重複採購和原本衣物同質性太高的單品。
- 新成員要能融入原本衣櫃單品的穿搭。
- 適合妳工作屬性的服裝。
- 和自己的習性相容。

過季的服裝搭配當季流行色的圍巾，也能讓舊衣耳目一新（左圖黑上衣已有六年歷史）

新舊衣物融合的祕密

四季變化是大自然的定律，新陳代謝則是生命的自然現象，而服飾總也需要汰舊換新；當察覺到衣服狀況已經不適合再穿，就要處理掉舊衣物並適當添購新品。

近年來出品的服裝，不論是打著優質平價或快速時尚的旗幟，成衣的耐用度已經大不如前，即便是部分名牌也開始出現這種現象，也因此我才會分享自己如何對衣物進行愛與感謝儀式，希望讓讀者可以找到方法來延長衣物的保鮮期。而如果能在衣物狀態好的時候全心全意善用它，當它退役時，就不會有太多遺憾或罪惡感。

不論如何，汰舊換新還是有其必要，因為若全身都是舊衣飾，尤其如果衣服的狀況又差的話，很容易給人思想陳腐、觀念老舊、頑固、過時、不知變通等負面印象。但哪怕只是改變一個小小的配件，譬如全身舊衣，但圍巾是當季流行的色系或印花；或者全身舊衣，但繫上時髦的寬版皮帶……只要巧妙地加入新品，就會讓我們擁有時尚感，給人聰穎、反應敏捷、有親切感、樂於擁抱新事物與喜歡親近人群的好印象。

新舊服飾搭配得宜，比起一身新裝更可以彰顯出個人獨特的風格，大大提升妳的魅力指數呢！畢竟新衣有新衣的品味、舊衣有舊衣的風韻，聰明的女人應該要懂得在新舊之間盡情玩出各種美麗的可能。

新舊融合也可以反映當代的環保思潮，與其皮草加身來彰顯貴氣，我更喜歡名媛貴婦們透過捐贈二手衣來傳達公益形象。而且時至今日，讓二手衣重新發光也成為造型師樂於接受的挑戰。例如 2011 年田馥甄 (Hebe) 推出新專輯，所穿的衣服就是收購於東京小店的二手衣；Hebe 以歌唱實力和多年來在演藝圈不懈地打拚，讓她有能力進駐信義區豪宅，但她總是強調自己有客家人節儉的性格，而且力行環保，不但徹底執行垃圾分類，除濕機的水也一定收集起來沖馬桶……所以由她來詮釋代表環保精神的復古時尚風，顯得相當出色！

將衣物保存好，儘管舊了，還是有再度發光發熱的可能。不論由妳親自保留它，或送給適合的人，或者讓它到二手市場等待新主人青睞。當有朝一日，曾經被妳視為親密夥伴的衣物，在另一位珍愛它的人身上再展亮麗新丰采，愛與感謝也將因此繼續傳承。

▌Judy朱與衣物的真情互動

● 一星期 1～2 次，把手錶、戒指、耳環等飾品，攤開擺放，夏天開冷氣時，也別忘了讓他們舒適一下。

● 每天回家或出門前，用刷子清潔或用鞋油擦拭鞋子，以慰勞它們的辛苦。

● 回到家先把外出穿戴的衣物換掉，然後吊掛或摺疊好。至於飾品和包包則有固定的位置擺放，因為它們也和我們一樣，需要一處舒適的地方休息，為下一次出場儲備能量。

● 當我的衣服被洗壞了或久穿變形了，我還是接受它們，在這個接受過程當中，我發現它們同樣能為我增添另類丰采。

擷取時尚元素聰明做自己

選購新衣物，除了要清楚自己的需求外，一定要很有意識地做自己！

時尚經常代表當代的主流文化，迎合時尚是為了表達我們是與時並進的人；所以買新衣不只是為了讓自己更美麗，也因為和時尚連結而更容易和這個世界對話。但時尚不能夠是我們採購時，全部、唯一的原則！舉例而言，為了參加正式的場合而買衣服，那就不能將材質和剪裁置之度外；不過如果是為了上夜店或跑趴，將流行穿上身就會是最重要的採購原則。

流行是一種永無止境的追求，而漂亮的、特別的東西永遠買不完。不論專家或設計師都是透過流行來反映世界的思潮，其中包括人的集體思維、價值觀、經濟走向、生活型態、主流與非主流文化等。我們可以去了解，或找到其中與自己契合的元素回應，但倒也不必太嚴肅看待，畢竟不論專家怎麼說，設計師怎麼設計，更重要的還是做妳自己，不是嗎？

這也是我在為正確服飾下定義時，會特別提到「要讓自己感覺舒適」的原因。

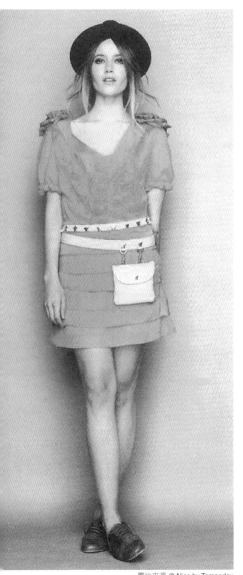

圖片來源 @Alice by Temperley

由於這兩年流行透明風，我常常看到女孩們穿著洞洞蕾絲上衣，卻在裡面加了膚色內搭，要不就是穿領口寬大的衣服時頻頻以雙手遮胸。我的直覺是，她們選了不適合她們的衣服，以蕾絲或雪紡等透明材質製作的衣服，主要就是要展現若隱若現的性感；如果為了怕暴露而穿上膚色內搭，反而破壞了衣服所能展現的美感，而穿件漂亮的衣服卻需要費神的用手遮來遮去，同樣是沒有安全感作祟。要知道，即便妳的身形、膚質、膚色、髮色等都很適合這件衣服，但在缺乏安全感的情況下穿上它，就是顯得不自在，那麼它對妳來說就不會是正確的服裝。事實上，對於個性偏低調保守的人來說，展現優雅的服裝可能更適合。

刻意迎合流行有時反而讓自己綁手綁腳，不容易展現妳的獨特風格，所以妳還是要回歸本來的自己，掌握屬於自己的流行才是最有魅力的女人。

如何選擇適合的服裝

我不認為買衣服非名牌不可,但是在購買名牌的過程中,從賣場的空間氛圍、售貨員的貼心服務,一直到布料與剪裁所帶來的舒適感,往往會讓妳感受到妳是值得被呵護及被寵愛的!光是那柔軟、體貼身體肌膚的感覺,就可以讓人變自信與美麗。如果妳對一件名牌服飾擁有這樣的感覺,它就會是適合妳的服裝。

如果把選購衣服的過程比喻為泛舟,刻意逆流而上(如選新材質、新款式、新的配色等)是一種挑戰,而適合的衣服就是那順流的過程,順流是一種輕鬆舒適的狀態,才有機會欣賞沿岸明媚的風光。適合妳的衣服是會迎合妳當時的心情與狀態的,妳會發現當妳心情失落低潮時會想穿黑色的衣服,給自己療癒的空間;而處於戀愛時的心境,會特別喜好柔和、飄逸的線條,當妳身體的狀況不適穿高跟鞋時,妳會運用低跟或平底鞋打造另一種時尚……請記住,選擇適合自己的衣服,就是去感覺妳的感覺,了解妳的身體狀態,而不是以流行為依歸。

對待當季的衣服 應該大量穿它

被人傳誦的話未必是真理，大家被「女人衣櫥裡總是少一件衣服」這句話蒙蔽太久！想想妳自己、家人、姐妹淘，哪個衣櫃不是呈現爆滿狀態？怎麼會是少一件，明明就多出太多件！所以，請千萬不要在購衣癖發作時，千篇一律端出這一條謬論，來合理化自己的行為。

衣服是有需要的時候才去買，
如果妳現在沒需要，請不要花時間、精神和金錢去買衣服！

周遭有很多人看到喜歡的衣服，就開始設想：「這件衣服吃喜酒的時候可以穿」，「這件先買下來等兒子畢業典禮就可以穿」，「我決定帶這件羽絨衣回家下次出國滑雪可以穿」，「老闆承諾我今年就升我當主管所以我會需要這件衣服」……妳可以繼續幻想出幾十種虛擬的場合，來說服自己把這件衣服帶回家。

可是，如果妳夠清醒，也知道自己正在做白日夢。上次吃喜酒是將近一年前的事，而下一次還不知道什麼時候呢；兒子還有兩年才畢業，妳明明就很怕冷，出國滑雪的機會微乎其微；升官加薪這種事充滿變數並不是老闆隨便說說就算數，所以，妳明明就不需要這件衣服的，至少目前用不上它！

我的購衣主張是有需要才買，而且我建議買來就要大量去穿它。

當我們穿上新衣服時，會有種煥然一新的感受，新的服飾就是能為我們帶來新的視野，新的心情，甚至引導我們培養出新的興趣和習慣。所以請盡情享受新衣服帶來的新樂趣與新生活，妳要做的只是花點心思讓它融入原有的衣物，找出新的搭配方式，讓新舊衣服有新默契，為妳的品味注入新活力。

不過，我發現周遭有很多人都有一種迷思，尤其是我們的長輩，總覺得新衣服就是要留到重要場合才亮相，所以衣櫥裡怎麼可以不預備一兩件新衣服呢？每件衣服都穿舊了，碰到重要場合該怎麼辦？

我的答案很簡單，有重要場合，需要新衣服，那麼就去買，不用遲疑。但實在沒有理由把家裡寶貴的衣櫃空間當成倉庫，只為了「以備不時之需」這樣的理由。而且不妨進一步想一想，沒有人規定重要場合不能穿舊衣服，只要它的狀態好，清洗乾淨，能把妳襯得更出色，妳沒有理由不穿它呀！

就像男女朋友交往一樣，新衣服和人之間也需要磨合，如果把新衣服一直擱置，怎麼會了解實際穿上它的狀況？即使妳是經過試穿後才買的，但穿上一件衣服五分鐘和五個小時，和衣服間的互動所帶來的感覺絕對不一樣。

圖片來源 @PHILOSOPHY

還有，或許妳最近瘦了點，想嘗試較貼身的衣服展現性感，所以買下這件衣服想在重要約會時穿，結果因為不習慣，一路不停的在擔心男朋友是否看見妳的贅肉，坐下來時也害怕小腹太明顯，雖然妳是因為衣服而不自在，但這份不安很可能讓對方誤解為妳的不耐煩或不高興，為了一件不熟悉的衣服而很有可能活生生搞砸這次約會。但如果曾經在家裡試穿過半天，仔細觀察穿這件衣服時的舉止，還有體態的展現，或者先穿這件衣服去見閨中密友，就有機會觀察到別人對妳穿這件衣服的反應，妳也可以聽聽她的意見，那麼下次在重要場合穿它，就會感到自在多了。

另外一個建議，當季就經常穿新衣的理由是，每個人每天都在變化，不論是家人生病、自己受傷、變胖或變瘦、擔心被裁員、心情特別愉快或變不好，從單身變人妻、從小姐變媽媽、轉換職場等等，都會讓我們變得不一樣，且這些變化都會影響穿衣服的樣子。通常買下一件衣服時，就是我們當下的狀態和這件衣服最速配的時候，所以這時穿最能穿出人與衣服之間的味道和美感，但可能一個禮拜、一個月、一季或一年後這狀態就改變了，這件衣服也不見得再能適合妳了。

請試想，昨天買了淺藍色罩衫、今天妳去染了一頭紅髮，才隔一天穿上它的味道是不是整個就不一樣了；去年換季時買的粉紅色洋裝，在妳熱衷衝浪膚色變深後，妳就知道穿不出那份清秀感了；兩年前買來從未穿過的蘇格蘭小短裙在妳胖了三公斤，或者換到金融機構上班後，是否只好繼續待在冷宮裡？

沒有把握住和衣服最契合的時機，就有可能錯失了許許多多人生美好的時刻，說真的，我也替妳感到可惜呢！

▎汰舊換新讓衣櫃永保活力

衣服買來一定要穿它,而不再適穿的衣服也一定要從衣櫃挪出,把空間讓給新血,這樣妳的衣櫃才能永遠處在最佳狀態。

接下來,我們就要知道哪些是該淘汰的衣服。

我的標準是:

● **兩年以上不見天日**　如果妳已經有兩年或兩年以上的時間,沒有穿過這件衣服,那妳大概就可以準備永遠跟它 Say Goodbye 了。

● **衣物上出現污漬**　不論沾上醬油、番茄醬、咖啡、茶、墨水、油污,或是因衣櫃太潮溼長出黃斑等,只要是一眼就看得出衣物上有污漬,而且無法清洗掉,那麼這件衣服就該淘汰。

● **染色或褪色**　可能因清洗衣物時沒有做好顏色分類,導致淺色衣服染上其他顏色,或者誤將漂白劑加入深色衣服洗滌而出現染色或褪色,和上述情形一樣穿上這樣的衣服容易給人邋遢寒酸的感覺,所以應該割捨。

● **起毛球的衣物** 穿上它就變得難登大雅之堂，但可以在做家事時穿或乾脆清掉。

● **線條與布料產生變化** 例如毛衣或針織衫越穿越大件，代表衣服已經要開始變形，或者衣料變薄、變硬、變脆等，都代表衣服的狀態已經走下坡，這時就很難穿出美感，所以也可以淘汰。

● **很明顯的過季（或過時）** 這是許多女人的困擾，衣櫥裡有很多若干年前買的衣服卻從來沒穿過，因此更捨不得丟，但這些衣服若非已經穿不下、就是款式、線條已經過時，例如：過大的墊肩、過小的領子等，實在也沒勇氣穿了，與其放在衣櫃裡佔空間，不如把空間讓給目前經常穿的衣服。

▎流行服飾採購技巧

如果妳和我一樣，是愛衣惜物，期待能和自己精挑細選
的衣服長期相處的人，我會建議妳在採買衣服時不要考
慮有太明顯流行痕跡在其中的衣物。如：過大或過小的
領子、復古繭形肩、明顯當季印花、大喇叭褲等，在流
行當季確實很時髦，但流行一退，再穿它就顯得過時
了。當然，流行性強的衣物也並非完全不可採購，買
了，在當季就要盡量多穿；但建議採購的比例不要太
高，免得不再流行時，衣櫃裡突然找不到衣服可穿。

盡量走中庸之道，然後在其中摻入妳自己能接受的流行
元素即可，或者利用配件來表達妳的時尚態度也是個不
錯的點子。

圖片提供 @MaxMara

▎衣櫥管理必看─內衣褲的庫存量與定期汰換

基於個人衛生的理由，我建議對於內衣褲一定要嚴格執行定期汰舊換新。

● 每個女生應該擁有 10~12 件胸罩，12~18 件內褲，基本款包括三件膚色、兩件黑色，另外要有 2~3 件無肩帶款 (其中 1~2 件是膚色，另一件為黑色) 建議胸罩須與內褲搭配，其他則可給自己多點空間，選擇自己喜歡的顏色和款式。

● 內褲建議半年至一年就要淘汰，由於內褲淘汰率高，建議再多準備半打；至於內衣則視材質可穿到一兩年左右，但是如果在這期間發生胸罩變形、肩帶變鬆，就一定要淘汰。

▎尷尬期的衣服也很好用

新衣要常穿、狀態不好的衣服要淘汰，但是那些狀態介於嶄新與淘汰之間的衣服呢？例如剛開始起毛球，但情況還不太嚴重的衣服，建議以小剪刀將毛球剪下，應該還有機會再陪伴妳這一季；而線條剛開始走樣的衣服，如果是好的材質 (如喀什米爾)，平日上班穿應該還不至於太失禮。

針對處於尷尬期的衣服，我建議再給彼此多些機會，妳們還是有相處的空間，例如大掃除或整理陽台的花花草草、上菜市場、逛花市、到醫院探病、到郊外踏青，參加人多擁擠的大型活動，如賞花燈、看鹽水蜂炮、去平溪點

天燈,或參加集會遊行等,妳並不需要為這些場合特地去採購新衣,尤其到人多擁擠處原本就容易弄髒或弄壞衣服;例如到鹽水看蜂炮如果沒有做好防範措施,衣服被炸幾洞是稀鬆平常的,所以妳還是會需要一些弄髒弄壞不至於太心疼的衣服,這樣的生活才會興味盎然。

至於這類衣服,建議以折疊的方式收納比較不佔空間,妳也可視穿戴頻率決定把它們置放在櫃板上 (一目了然,適合常穿的) 或收到抽屜裡 (隱密性高,適合放內衣褲或較不常穿者),就依妳的習慣和方便來進行收納。

圖片來源 @interlubke

衣櫃整理小祕訣

衣櫃是每個女人百變造型的祕密基地，一定要花時間去關照它，才能美得從容、美得自在！

● 一個衣架上建議只吊掛一件衣服。避免在一個衣架上吊很多件衣服，否則層層疊疊，根本也搞不清楚哪一個衣架上掛的是哪一件衣服。

● 每三個月就要為衣櫥進行一次小整理，一年至少二次大整理，春夏和秋冬各一次，換句話說，就是要讓妳的衣櫥跟著氣溫變化而「換季」。如果衣櫥的空間不夠容納一整年份的衣服，可以用將要淘汰的舊皮箱或整理箱將非當季的服裝收納整齊，等換季的時候再拿出來。

● 採用同款同色同材質的衣架來吊掛衣服，可讓衣櫃看起來更整齊美觀，妳會更願意親近它。大衣、外套使用大型的弧形衣架，襯衫、女衫或輕薄上衣可用中弧形衣架，免得肩膀線條變形。 另一個讓衣櫃視覺清爽的祕訣就是採用色彩分類，尤其吊掛的衣服依顏色由淺到深一字排列，看起來會特別井然有序。

● 衣架的種類和材質有很多種,包括壓克力、絨布、鋪棉衣架和木製衣架。
　木頭衣架質感好,是很多人的最愛,不過其體積大重量重,較不適合中小
　型衣櫃使用,如果真的喜歡,建議重點使用於大衣或貴重衣物即可。而
　洗衣店使用的鐵絲衣架相當輕盈,我會用於吊掛褲子,既好收納又不佔空
　間。

● 內衣褲、內搭、襪類、絲巾、皮帶等,可分別收納在特別訂做的收納區或
　是捲好後收在抽屜裡。由於飾品類經常有糾結纏繞或因太小而常找不到的
　困擾,建議買回來的袋子或盒子不要丟,飾品擺放其中再收納,看起來比
　較整齊。

● 衣櫃內或附近一定要配備全身穿衣鏡,方便隨時檢視穿搭效果。

▌採購衣物的理性與感性

便宜是很多人出手大買的理由，卻不是一個稱得上
「好」的理由。譬如一個單身貴族去逛 COSTCO，
由於裡面的東西幾乎都是成打在賣，換算之下，單
價實在太便宜，所以吃的用的穿的買了一車回家，
結果很多東西不是用到過期就是食品任其腐壞。一
開始妳確實是經過精打細算以為可以佔到便宜，結
果卻因為沒有充分使用到它們反而變成最貴。買衣
服也是一樣，因為便宜而買，不只佔用了妳的時間
和花掉一筆錢，還在妳的衣櫥佔據一個空間，如果
從來沒去穿它們，這樣的成本可是很高的。

一雙好走的鞋，及容易穿脫的衣服，是逛街時的好幫手

大家必須有共識，地球是大家的，地球上的資源是不分種族，不分貧富貴賤由大家共享的，如果刻意浪費，就是濫用公共財，這是可受公評的事，而不是「我家的事」而已。有錢就亂花，在目前的法律雖然還構不上犯法，但任意浪費，可是會加速地球資源枯竭！

所以培養正確的消費觀念和習慣是新時代女性應有的美德，可惜的是很多人錯在不自知，所以我要在此提醒，在我們時代與我們周遭出沒的消費陷阱，當妳靠近時，就要提高警覺。

● 消費陷阱一　減價，打折

大多數的人購物很難不把價格擺第一，這看似美德，但事實證明往往造成更大的浪費。舉個例子，一件衣服當季賣一萬二，換季折扣時打六折，變七千二，足足省了快五千元，「如果不買老天爺都不會原諒我的，而且現在消費還可以湊購物金換贈品，簡直是賺很大啦」，看起來妳算盤確實打得精。但是，折扣期間不提供試穿，憑著過人的目測能力，妳個人決定妳可以穿它，於是買下了它。回家一試，衣服的肩膀太寬，胸部又太合身，沒有經過一番修改是沒辦法穿的，這時候不論選擇退換貨或請人修改，勢必費一番折騰，而且現在的修改費用也不低，把它加上去，其實是佔不了便宜的。而從美的觀點來看，衣服的設計通常有它想表達的意象，一經修改，即便能穿，味道也走掉了，它不見得還是那件令妳一見鍾情的衣服。

要毫無遺憾的買到折價品，真的很需要運氣，而一分錢一分貨依然是鐵律，所以千萬不要因為「便宜」這個理由而買衣服。

● 消費陷阱二　網路資訊

現代人幾乎都無法離開網路生活，網路提供無遠弗屆的資訊，滿足了我們對這個世界的好奇，這是網路帶給我們的便利，不過也由於許多資訊未經過濾，所以似是而非的觀念和錯誤資訊充斥。可能讓我們在不明就裡下得到錯誤的資訊，例如許多部落客在網路上大方分享自己的時尚品味、消費態度和價值觀等等，而粉絲則會參考甚至直接模仿部落客的穿衣打扮風格，還有他們所用的物品……

我必須提醒網友，上網找流行資訊，或穿衣打扮的靈感無可厚非，但部落客畢竟沒有實務做造型的經驗與專業素養，所分享的只是他個人的經驗和心得，不需要太認真對待，否則到頭來極有可能落得「東施效顰」或「畫虎不成反類犬」的窘境。

對於習慣上網找資料的人，建議針對想探索的主題，去搜尋相關的專業網站及專家的部落格、臉書瀏覽，如此獲得正確資訊的機會會提高很多。

● 消費陷阱三　網路購物

網路讓現代人越來越宅，同時也帶動宅經濟的興起，許多人食衣住行育樂等等的需求都依賴網路來幫忙和解決，買衣服當然也不例外。網路固然帶來許多方便，卻也因為無法實際觀看、觸摸和試穿，形成許多盲點，這是喜歡上網消費的人要特別留意的。網路購物一定要注意，不要被商家所營造的虛擬情境所誤導，例如網路上有專賣大尺碼的店家，但所採用的卻是高挑纖細的模特兒穿著一般尺寸的衣服展示，雖然賣家會在網頁標示尺寸，但其陷阱就是，會讓胖美眉誤以為自己穿起來也有同樣纖瘦的效果。專家都知道，把衣服整件放大，其細節、剪裁等理應有所變化，才能打造出適合胖美眉的美衣，但是時下的賣家和消費者大多數缺乏專業背景，一方只在意業績、一方只想方便，而忽略了購物美學，所以網購的陷阱就是讓人越來越不會買衣服，由於得不到正確的美學觀，很可能會越穿越糟。

● 消費陷阱四　電視購物

電視購物也是一個很容易讓消費者淪陷的環境，尤其台灣剛引進電視購物平台的那幾年，婆婆媽媽們消費起來毫不手軟，不過失望的也不在少數喔。電視購物的成功，主要是靠所謂的購物專家天花亂墜向觀眾催眠，在便宜、好用、又限量銷售的訴求下，消費者很難不掏出荷包。我建議喜歡電視購物的人，要隨時把理智帶在身上，這樣才有能力分辨購物專家是誇大或真實傳達了商品的價值，另外，也要善用退換貨的機制，一但買回來發現不適合、不好用或穿起來不好看，就別把商品硬留下來，把錢省下來或者換更適用的商品才是好的消費習慣喔。

● 消費陷阱五　環境偽裝術

雖然我認為買東西一定要看得到，摸得到實物，但其實實體通路中的消費陷阱也不少，現場環境的氛圍就常常會讓人不由自主的想買，例如化妝品專櫃的燈光，白黃燈光交集，可以創造出較佳的膚色，如果不了解，會把功勞全部歸到該專櫃產品，也有可能買到不適合自己的東西；買衣服也一樣，有些商店內的鏡子並不是直立擺放，而是故意擺出一點斜度，可以把身型拉長，試衣的人如果不察，還以為自己穿了該店衣服後就會有九頭身效果，卻常常在買回家後，發現衣服穿起來就是怪。環境所營造出的消費陷阱也是我們不得不警覺的。

● 消費陷阱六　售貨員的種種誘惑

實體店鋪還有一項最讓人難以抗拒的，那就是來自店員的種種誘惑！

這些誘惑包括，不斷的讚美，讓妳相信妳絕對值得擁有這些美麗的衣物，妳和它們簡直是絕配，再也沒有人比妳更適合了！甜言蜜語之外，還有殷勤的招待，先奉茶、過會兒又送上點心，還幫妳保管隨身物品等，就是要想辦法把妳留在店內，停留時間越久，被灌的迷湯就越多，接受的招待也越多，就越難兩手空空離開，尤其那些原本可有可無的東西也可能在不好意思，或者被成功催眠下，就買了。而且，請注意，這種服務越好的店妳會越不好意思空手離開，而買下後發現不適合，想退貨也難以啓齒，雖然現在店家都有換貨機制，但能不能換到真正和妳一見鍾情的，那可很難說了，所以我不得不再說一遍，不需要的，真的，真的，不，要，買，啊！

不論在網路、電視或百貨公司裡，請記住，當發覺到上述情形，就代表快進入消費陷阱的地雷區了，我知道，在那情境下，妳已經開始呼吸急促，心跳加速，心情游離擺盪了。這時，不妨深呼吸，然後轉個身，遠離地雷區。妳

有可能還在依依不捨，但請相信我，那家店不會憑空消失 ，和妳如天生絕配的那件衣服三天或一個禮拜後很有可能還在那裡，妳需要的是幫自己爭取到恢復理智的時間和空間。

女人啊，想要展現衣著時尚的感性，首先得通過理性消費的考驗！

Judy朱有話說

正確購物心法

購物時一定要帶著全然的覺知去買東西。

如果妳帶著全然的覺知，這代表妳是在很清楚自己的錢財狀況、需求及當下的處境下購買的，即使是買了一個六萬元的名牌包都是對的；但若是帶著不覺知去購物，就算只是花一九九元買一件T-shirt也是錯的。

千萬記住，讓覺知的品質進入妳每一個思想、每一個購買行動中，不被售貨員的花言巧語所惑，不被音樂、燈光及個人情緒所左右。只要妳的覺知品質越來越高，那麼妳所做的任何決定都是對的、妳所買的任何東西都是對的──而這就是對妳和妳的衣櫥最美好的祝福！

Chapter 5

天造之美—
台灣

身上所穿的服飾，除了展現自我個性
更須與所處的環境對話，當我們身處台灣之際
更應與本地的氣候、人文景觀與風俗民情相呼應

▍從造型出發，為台灣再添一片美麗風景

自從十六世紀時葡萄牙人驚呼台灣為「福爾摩沙」，台灣，美麗寶島之名不脛而走。是啊，誰能不對這個有著蓊鬱山林、奇峽峻谷、河流潺潺的瑰麗之所發出讚嘆？二十一世紀的台灣，更不只以美景取勝，在多元文化的積累下，人文盛景更引人注目！

做為台灣人，絕對值得驕傲，不只是因為台灣有曾為世界第一高樓的TAIPEI 101，不只是因為台灣在高科技領域有傲人的成就，更不只是因為台灣擁有世界排名第五的外匯存底……我認為台灣的驕傲在於堅強的軟實力，讓台灣在製造業締造經濟奇蹟後，能夠在文化底蘊加持下，透過熱情、肯做實幹、善良又富創意的人民素質，讓台灣逐漸轉型，成為一個文化風景無所不在的美好島國，而能以更優雅的姿態步上國際舞台。

台灣有世界級的景觀 (如太魯閣、墾丁國家公園)，有充滿故事的文化小鎮 (如鹿港、美濃)，有豐盛的慶典 (如平溪天燈、大甲媽祖遶境)，有令外國觀光客垂涎不已的美食 (如鼎泰豐、珍珠奶茶、夜市小吃)，還有遍布全台的獨特文化地景 (如中台禪寺、南投的紙教堂)……身為台灣人，實在是得天獨厚的幸福。

生活在這個美麗的寶島上，我認為我們有必要讓自己成為美麗風景的一部分，讓我們用實際行動回饋滋養我們的大地，透過我們對美的重視、對美

的創意組合能力，打造自己的外在，讓自己與這片美麗的土地相得益彰。
期許在不久的將來，世人眼中的福爾摩莎，所意味的不僅是山林美景，還
有生活在其中的美麗人們！

一直以來，大家談到美，人們總以西方美學馬首是瞻。事實上，近年來由
於中國熱，也帶動了東方美學的興起，而台灣特殊的文化背景，造就了活
力十足的文化創意，並且在美學領域擁有獨特的一席之地，我認為現在正
是提倡穿出屬於台灣人特色的最佳時刻。

平溪天燈

所謂台灣造型之美，意味著能呈現台灣人獨特美學觀點的穿著打扮，而且要透過我們對在地文化、在地景觀、在地氛圍的了解，穿搭出與當地相融、相襯的造型。尤其在全球化時代，國家與國家、城市與城市的界線日益模糊，要如何突顯在地特色、打造在地美學？這絕非透過標新立異所能辦到的。

儘管美麗是不分國界與地域的，然而不同地區在因應各自的時空條件下，發展出一套順應時勢卻又屬於自己的穿衣美學，堅守自己的優點，拓展對美的思維，穿搭出真正文化素養的美學風範，呈現屬於自己的造型之美，這才是新世紀的美學思維。因此要打造台灣造型之美，就必須考量台灣特殊的背景因素，才能在環境中，傳達美的時代語言。

提倡台灣造型之美的目的，如同我經常和朋友分享的，做善事不見得要捐鉅款，但是當我們過馬路時願意攙扶老人家一把，在捷運或公車上能夠讓座，開車的時候都能夠心平氣和。還有，當我們使用公共設施，如餐廳或捷運、高鐵的洗手間，能夠注意保持乾淨，讓後來使用的人能夠享受到清潔的公共設備。透過一件件看似不起眼的小事，就能夠累積出一個和善便利又清新的社會。同樣的，我們每個人每天都注意服裝儀容，能夠時時有得體的妝扮，一眼望去盡是賞心悅目，這種美的力量，不只讓我們生活的更愜意，也將為台灣贏得國際聲譽。在文化創意將成為經濟領頭羊的當代，美是創意的最佳催化劑，所以讓自己美麗，是一件多麼有意義的事，就從今天起，把變美、更美做為我們共同的志業吧！

圖片來源 @SCHUMACHER

▋台灣造型之美的連結——氣候

台灣屬於亞熱帶氣候，長年溫暖多濕，因此歐美的
流行因子在台灣不見得有用武之地。例如近年來流
行毛皮，從服裝、飾品、包包、鞋款等毛皮設計可
說是鋪天蓋地，但是要注意的是，毛皮的意象最主
要就是溫暖，還有點小貴氣，因此，如果天氣不夠
冷，氛圍就出不來。

近幾年由於聖嬰現象，台灣也出現了寒冷的冬天，
因此不論是毛皮或羽絨終於可以派上用場，也讓趕
流行的美眉能夠以毛皮打造時髦形象。

尤其對於住在山區或濱海地區的讀者，如阿里山、
陽明山、淡水等地，冬天一定比其他地區更寒冷，
也會更適合毛皮設計的服飾。但是像多雨的基隆、
宜蘭，氣溫雖然也較低，但潮溼的氣候就不那麼適
合毛皮，想想看，撐著傘在雨中行走總是得小心翼
翼，就顯不出因為溫暖的毛皮該有的幸福味道。再
者萬一毛皮淋到雨，蓬鬆的毛頓時糾黏，溫暖和
華麗感也會立即消失；而當逢暖冬，或居住中南部

的讀者，若真喜歡毛皮，建議適度擷
取毛皮的元素，例如兔毛帽，毛領大
衣，毛皮綴飾的包包、圍巾、手套或
毛球吊飾、毛球鑰匙圈等來穿搭也會
有很好的效果，當然，毛皮背心、或
前片毛皮後片皮質設計外套也會比整
件毛皮的大衣更適合台灣多數地區的
氛圍。

另外，台灣夏天非常悶熱，在穿搭時
宜多選擇透氣通風的材質，對於易出
汗或體態較豐腴者，也可選較為天
然、輕盈布料及舒適的款式會更輕鬆
自在。由於臭氧層已破壞，紫外線特
別強烈，因此也要特別注意防曬。因
應市場需求，市面上出現琳瑯滿目的
防曬用品，我認為夏天必備的防曬品
包括寬緣帽、太陽眼鏡、輕薄長袖小
外套、抗紫外線長手套（開車用）、
遮陽傘和防曬油或防曬乳液等。其

圖片來源 @PHILOSOPHY

中防曬乳建議以物理性防曬為優先選擇，物理性防曬的作用就像帽子，衣服般，形成紫外線進入肌膚的屏障，卻不會對肌膚造成傷害。此外，防曬衣物以深色效果較佳，但也別因為穿了深色抗 UV 衣服就對太陽肆無忌憚，如果是在大太陽底下，還是建議加上傘或帽進行雙重防曬。而太陽眼鏡鏡片以灰和茶色遮陽及保護眼精效果最佳，雖然潮男潮女會戴偏紅或偏黃的鏡片來突顯個人風格，姑且不論色彩的選擇是否適合其人，然而就健康的角度來看，我並不建議，因為所有的美麗還是要以健康為基礎才是長久之道。

Judy 美麗心法

妳內心的觀點是什麼，妳顯現出的實相就是什麼。如果妳認為自己是沒有魅力的醜小鴨，外界對妳的看法與認知就是如此；但妳如果覺得自己是具有魅力且獨一無二的女人，妳就已經進入美麗與迷人的境界了。

▎台灣造型之美的連結 ── 建築物

如果我們的造型是有意識的要與環境相呼
應，那麼視線所到之處盡在眼簾的建築物就
不得不加以考慮。台灣過去是農業為主的社
會，因此現在台灣鄉間仍存在許多農舍、三
合院的建築，如果妳就住在這樣的環境或者
到鄉間去旅行，濃妝豔抹或華服盛裝不僅不
會為妳加分，反而會破壞了當地自然和諧的
氣氛。當然這並不意味著到鄉村就可以不修
邊幅，適度的妝容，清新的穿著會比較恰
當，例如近幾年很流行的森林系裝扮，以棉
或麻的材質呼應鄉村的氣息，舒適寬鬆剪裁
的服裝或飄逸長裙，提個帆布或藤編包包，
象牙色或淡綠眼影，粉橘腮紅和口紅，不經
意流露的自然美感，會讓風景中的妳更加耐
看。

圖片來源 @Alice by Temperley

台灣的鄉村相當有特色，城市也越來越國際化，換句話說，摩天大樓林立，加上城市中有不少公共藝術品為街頭增添美感。因此，在城市中可以盡情展現自己的時尚品味，即便是前衛造型也能夠以衝突的美感成為目光焦點。每個人心目中的城市風景各有風味，除了時髦的建築外，也有人喜歡城市中的藝文空間，如美術館、藝廊、博物館、藝文特區等，走訪這些場所，藝文知青的裝扮再適合不過，當然也可以別出心裁，如卯釘短 T 搭飛鼠褲，融合搖滾與民俗風，就是相當個人化的時尚態度。

要提醒的是，台灣城市進步的腳步不曾停歇，大型公共建設和建築的工程也造成處處施工的現象，施工現場附近，噪音、塵土、坑洞的路面在所難免，如果妳經常出入附近，除非必要，建議暫時不要做過度修飾的裝扮，例如濃妝、華麗服飾、尤其是細跟高跟鞋更是忌諱，飄逸的長裙裝扮也顯不出浪漫感；反而一身輕便加上素雅的妝容可以呈現出妳不受施工不便的影響，一派從容自在代表心是自由的，人輕鬆，才有不造做的美感呢。

▎台灣造型之美的連結 —— 交通工具

台灣地狹人稠，尤其都會區處處車多擁擠，不只影響城市景觀，也影響我們的生活節奏，所以談台灣造型之美絕不能忽略交通工具。以上班族為例，妳的穿搭和所運用的交通工具絕對息息相關，假設搭捷運或公車通勤，由於車箱內相當擁擠，而且常常要與他人比肩站立，此情境下，明顯 Logo 的名牌包和高檔服飾並不那麼適宜，但如果妳是名牌愛用者，我的建議是，包包的材質需耐磨、不怕髒、包款要堅固耐用、內袋收納安全，如此一來，才能讓妳自在舒適的展現自我。

如果身材嬌小，那麼襯衫加上直筒九分褲，搭一雙質感好的低跟鞋，會顯俐落；而高個兒，就可以穿小喇叭褲，或者七分褲，搭配平底鞋及復古包款，即便在擁擠人潮中也顯得有形有款。同樣的，如果常常需要搭計程車，穿著太正式華麗 (如雪紡短裙、拎珠包、細跟高跟鞋、濃妝) 也不宜，這種穿法應該是自己開車或有人接送而不是站在路邊揮手招計程車，並且如此穿著搭計程車也必須特別注意安全。

也有不少女性以摩托車為交通工具，最安全的穿法當然是長袖服裝加長褲或短褲，但也無須如此一成不變，妳也可以透過裙裝為自己添姿色。而考慮安全，短裙會比長裙優，只要記得穿上安全褲即可，另外也不妨選條專用的長條圍巾，裹住臀部，一來可保護自己免於裙底風光外洩，二來也可以形成五

分褲或馬褲的視覺效果呢！至於鞋款，粗鞋跟是較好的選擇，如果有需要穿高跟鞋，就把它放在置物箱內，等到達目的地再取出來穿。騎摩托車在城市穿梭，固然相當方便，但也要注意安全和健康，所以安全帽和口罩一定要備齊，至於衣物材質的選擇，最重要的原則就是不易皺、耐髒，耐清洗。同樣的，如果妳喜歡騎腳踏車，不論是通勤上班或運動休閒，穿著的考量都應以安全為前提，所以長裙或大喇叭褲較不適合，線條簡單的服裝搭配輕巧的飾品會比較符合騎腳踏車該有的氛圍，材質方面以有彈性的棉或不易皺的布料來呈現自然舒適感，再搭個可斜背的輕巧小包，會讓妳在運用這項交通工具時更加得心應手且可突顯個性美。

至於開車的人，也要講究車與服裝的吻合，例如穿香奈兒服飾 (即便是二手衣) 開國產車、破舊或中古車，其畫面並不協調。當然，有人生性低調或者車子對他來說只是代步工具，但是對穿衣卻較為講究，這樣的人依舊可以選用精品，但建議盡量選擇低調的款式 (例如沒有明顯品牌 Logo 的服裝)，如此才會和妳的車種、車況較為協調。此外也要注意，所開的車在某種程度上，代表著個人的身分、地位與品味，因此車子不能太髒，車內也不要堆積太多雜物，造成凌亂，否則也會破壞整體的美感，甚至讓妳的形象扣分。

圖片來源 @ Alice by Temperley

▍台灣造型之美的連結——目的地或餐館

民以食為天,而「吃飽沒」更是台灣人特殊的問候方式,可見「吃」對台灣人來說是一件重要的事,同時也是重要的社交活動。因此,談台灣造型之美絕對要考慮餐館。對歐美人士來說,他們把上餐廳用餐當做一件正式的事,所以會在穿衣打扮上特別用心,電影中就常有這樣的橋段,例如一對男女約會,他們通常會在赴約前回家換裝,男生著正式西裝,打上講究的領帶,女方則會穿上禮服或華麗服裝,對於妝容更是精雕細琢,連搭什麼包包、用什麼香水都很講究;而在日本,如果女方著和服赴會,那絕對是很重要的場合。不過由於台灣的生活型態較休閒,上餐館如果穿得太正式,反而顯得過分琢磨,而太雕琢的話,容易給別人無形的壓力及距離感。

對於上班族來說,下班趕赴約會恐怕也沒有太多時間可以好好打扮,其實,透過小技巧,例如加件飾品(胸針、髮帶或耳環等)、換個包包(把上班簡約的包款或大包包換成絲緞材質的小包、流蘇包或閃亮包款)、把膚色透明絲襪換成有特殊圖騰或糖果色的絲襪、把西裝外套換成柔美的女衫或罩衫、把粗跟包鞋換成細高跟鞋或涼鞋,並且讓妝容更趨精緻化,那麼約會的氛圍就會出來。

至於假日的餐會，包括下午茶，在穿搭的氣氛上還可以更休閒、更個性化些，款式簡單質感好的衣服，off shoulder 斜肩上衣，或平常沒機會穿的亮色系衣服、無袖服裝、短褲或短裙等，都可以趁假日盡情展現自己的時尚品味。只是，我會建議放假也該讓雙腳好好休息，請在妳喜歡的款式中，挑選低跟、楔型底或優質的豆豆平底鞋、牛津鞋。

另外值得一提的是，台灣小吃便宜又大碗、口味多樣化，連外國朋友都趨之若鶩，還有台灣特有的辦桌文化，也饒富趣味，很多人習慣穿著短褲拖鞋就出門去吃了，不過我認為雖然吃小吃或辦桌是常民文化，但也不宜過分「隨便」，畢竟台灣很努力要參與國際社會，台灣也有越來越多的商務人士和觀光客前來，所以隨時注意穿著整齊清潔是一種被國際所接受的禮儀。當然逛夜市吃小吃無須盛裝，但如果能夠稍加修飾外表，表達對自己，對身邊的人的尊重，也是一種讓台灣更美的力量，何樂而不為。

▌台灣造型之美的連結 ── 場域氛圍

造型要讓人感覺賞心悅目，最好能呼應環境、場域的氛圍，台灣的藝文風氣越來越盛，我們擁有很多親近藝術的機會。為了不辜負這樣的幸福，當我們前往觀賞展覽時，也不妨在穿搭上多加用心。不過假設以 bling bling 風或花

枝招展的裝扮出現，我認為並不會為自己加分，而上班族的制式穿搭也不得宜。我比較推薦的是線條簡單但有不著痕跡設計感的服裝，例如斜裁、假兩件式洋裝，或有特殊圖騰 (如人物剪影或圖像、普普風格、抽象圖案、大圓點或色塊的特殊印花) 的服裝，以突顯知性品味或藝術氣息較為適合；或者以素雅的服裝搭配特殊材質或特殊編織法的圍巾；又或者 T-shirt 或罩衫搭長裙加休閒鞋、寬版上衣加踩腳褲搭芭蕾鞋款等，只要線條完美與布料有質感，將別具文藝知青的味道。

假設是前往具有獨特風格的場域如書店、藝品店、或日系雜貨風格小店等，服裝風格如果太炫耀，同樣只會給人負面觀感，建議以淡妝搭配比較有個人風格的穿著，背個輕盈的包款，穿一雙自己穿著和別人看起來都覺得舒服的鞋，就是得體的穿著了。

逛精品店或百貨公司的話，如果是既要逛又要買，smart casual 的穿搭方式就很棒，而

圖片來源 @SCHUMACHER

一雙有質感又好穿的鞋就非常重要；那如果是逛的成分居多，同時也安排了下午茶活動，穿搭上可以再講究些，畢竟喝咖啡時間也是在看人和被看的時候，就像歐美人士也會精心打扮去喝咖啡，我們也可以在午茶時間好好的展現自己的品味。

▍台灣造型之美的連結——地方風情

近年來，台灣各地越來越重視地方特色的發展，加上飯店、民宿風格多元，使國民旅遊風氣越來越盛行。如果不方便出國度長假，其實國內也很容易找到風光明媚或清幽雅靜的所在，不論半日遊、一日遊或兩三天的假期，都可以讓自己快速轉換心情，甚至讓自己充滿新能量。雖然沒有像歐洲地區擁有

圖片提供 @ALICE by Temperley

宏偉壯麗的古典建築，但小而美的台灣也是處處有驚奇，小旅行的時候，以自己對地方的了解或感受進行穿搭，會讓自己從容舒適，展現品味美感。其中台北市是典型的國際化、現代化都市，台北市民普遍上被認為是比較時髦的，不過我認為台北人的穿衣風格也可以和這個城市一樣，展現多元面向，例如西門町可走強烈潮流風格，而溫州街、青田街一帶，一襲民俗風的白衣或藍衫也和當地文風契合，信義計畫區的穿搭則建議與時尚掛勾。

高雄的港都風情也相當迷人，高雄和台北最大差異在於氣候，而都市景觀也有別，因此把台北的穿搭思維套用在高雄並不恰當，很多人因為《痞子英雄》而對高雄之美大為驚豔。印象中，有一幕陳意涵在港口邊，她穿著合身背心加一條棉質蛋糕長裙，坦白說，這樣的穿搭在台灣甚至東南亞並不少見，但我對那幕印象特別深刻，因為舒適的穿著完全符合海邊的意象，由於港口的建築不高，所以視野開闊，尤其當風吹過，裙襬飄飄，除了浪漫外，更讓劇中的陳意涵多了一份可愛女人味。雖然陳在劇中可是幫派大小姐，穿金戴銀完全不成問題，或者龐克風格也很符合她在劇中女中豪傑的身手，但如果做精心或另類打扮在那場景出現，反而顯得不大氣，而假設裙子的質料換成飄逸的雪紡紗，好看是好看，卻也會稍顯造做喔。一部戲劇的成功，絕對需要處處用心，看似平常的穿著，在對的時空下，效果是那麼的令人回味。

時下許多人喜歡模仿偶像劇中主人翁的穿搭，這裡要提醒讀者，參考是可以的，但也要注意到每個人都是獨立的個體，一定會有所不同，如果完全複製，恐怕將畫虎不成反類犬，而且劇中人的穿搭之所以出色，是配合其劇中身分、角色、性格等因素，以及取景處的氛圍，這也為造型必須考慮環境因素做了很好的印證。

台中由於都市規劃較完善、道路寬敞、建築物也較氣派，餐廳的空間普遍較大且更講究風格，和歐美城市的樣貌較接近，我認為是一個可以揮灑時尚的城市，例如短裙搭細跟高跟鞋或踝靴；或者時下流行的前短後長雪紡紗上衣搭配短褲，會和台中街道或餐廳的現代感產生時尚的呼應。

台南以古都風情著稱，赤崁樓、安平古堡、億載金城等重要古蹟就在市區，加上台南很重視傳統文化，祭孔大典、成年禮每年都辦得有聲有色，這樣的城市中，散發著閒適安逸的氣氛，所以舒適浪漫的服裝風格很適合這個城市，當然近年來，台南的藝文發展也相當蓬勃，造就不少耐人尋味的文化地景，例如海安路及其周遭也有不少風格迴異的店家，穿著上可以帶點時髦感，但整體還是以不浮誇、不贅飾為原則，換言之，時尚是好的，但不要匠氣，不要太人工雕琢，不要讓自己像雜誌裡跳出來的人 ── 請在擷取流行之餘，保持妳的真實感，來對應這個純樸又大氣的城市氛圍。

圖片提供 @THIERRY LASRY

▌台灣造型之美的連結——風俗民情

台灣是一個擁有多元文化的地方,不論大城小鎮都各自精采,如果我們在穿搭時能夠把地方的風俗民情考慮進去,人與景將更加相得益彰。例如一身華服配上濃妝到小村落旅行,由於當地民風保守,太亮麗的穿著勢必引人側目,這也將讓自己失去自在的心情。我一再強調,穿著要自在才能融入那樣的氛圍。例如到山城九份,與其穿毛皮和細跟高跟鞋彰顯貴氣,倒不如式樣簡單舒適的針織衫或寬大上衣配平底鞋,妳才能盡情享受小城風光,也因自己的自在感而眉開眼笑,成為一道賞心悅目的移動風景。

▎協調之外 演繹衝突美感

我在台灣造型之美中，所強調的是與場域、氣候、交通、道路……等構成環境氛圍的條件互相協調。因為「協調」是永遠不會出錯的美學標準，也是學習造型之美很好的入門考慮。不過，美也可以是多元的，除了協調外，「衝突」也可以創造美感。

而且衝突的美感在近幾年可說是大行其道。例如在服裝搭配上，雪紡洋裝搭配皮質長靴，牛仔外套配蕾絲短裙，在服裝設計上，用牛仔布料與珍珠綴飾形成個性與典雅的衝突美感；鞋款設計上，在厚實牛皮材質上綴以蕾絲花邊呈現率性與浪漫的混搭美感；澳洲名模姬瑪‧沃德 (Gemma Ward) 十幾歲出道就以稚嫩的臉龐與個性時尚表情的矛盾美感成為各大品牌爭相邀約的時尚新寵。文化展演更常以衝突美感為觀賞者帶來嶄新的視野與觀賞樂趣，知名設計師喜歡在諸如羅浮宮、紐約大都會博物館等文化重地辦秀，而國內設計師也曾在廟宇、歷史博物館、億載金城、華山和松山文創園區舉行服裝秀，甚至把展演場地搬到森林或廢墟，讓古蹟的歷史、故事、文化背景與荒地的頹廢、荒涼，和服裝設計的創意、精緻、時代感等相互撞擊，產生衝突之美。不論是協調或衝突，要形成美感，讓人印象深刻，需要的是底蘊的積累，不論美學或文化養分，都需要長期學習、吸收與實踐，涵養越深厚的人，越有演繹美感的空間。

做自己才是永不褪流行的名牌

從事造型工作近二十年，隨著台灣社會、經濟的變遷，流行時尚也不斷更迭，過去，大家談流行一定是看歐美、看日本，現在很多人更喜歡追逐韓流，卻忽略了其實台灣也有很多美麗的元素可以創造流行，不論是客家花布或原住民圖騰都是有文化、有故事的，在創造台灣造型之美的過程中，如果對這些元素有興趣、有感覺的話，也不妨適量擷取，創造穿搭的趣味。

最後我仍要強調，美的根源來自自信，當我們有自信，才會樂於從本土出發，打造台灣造型之美。台灣造型之美所要呼應的不外乎台灣人樸實、熱情、友善、真誠的特質，這些受到大多數外國人肯定的優點正是這塊土地滋養的結果，並不是向外模仿而來的，台灣有自己的文化，歷史背景和建築，這些都是最獨特的養分，做為台灣人是最值得驕傲的，由於接受台灣文化，創造出了《艋舺》、《海角七號》、《陣頭》等叫好又叫坐的電影，同樣的，在邁向美的道路上，我認為了解自己的特質，悅納自己的外表，融合自己的生活背景，價值觀，和我們做為台灣人對台灣文化的認同，繼而創造出自己的穿衣法則，這才是永遠的名牌，也是對美麗台灣致敬的最好方式！

所有移動的物體，包括人在內，都是城市的風景，台灣的美，我們絕對有責任，當視線流轉到我們身上，哪怕只是驚鴻一瞥，都希望帶給對方的是美麗的風景，因為在那一瞬間，驚嘆也好、感動也罷，台灣又多了一股美的能量，足以為台灣之美書寫傳奇！

▎現代女性應有的穿衣態度

● 以身為台灣人為傲，不管是南部的調調、北部的味兒，或是客家人的樣子、本土的 feel，以它為榮，我是怎麼樣，就是怎麼樣，這就是我。

● 擁抱時尚，但絕不盲從。

● 流行是件有趣的事，絕不嚴肅以待。

● 把衣服穿好、穿美是種禮貌。

● 新衣很好，舊衣也行，新舊混搭是自信的表現。

● 兼顧時髦與預算，才是「真美女」。

● 是為了愛自己，不是為了釣「金龜婿」而打扮。

● 覺知購物，讓衣櫃裡永遠沒有自己不會穿的衣服。

● 只穿自己適合及自在的服飾，而不是流行服飾。

● 只買穿起來能為自己加分的衣服，而不是漂亮的衣服。

Chapter 6

內外兼修
開發美的潛能

找回純淨的特質，是現代人最大的挑戰
唯有自我覺察、提升感知能力
才能帶領我們回歸最真的自我

純淨風潮愛地球

美，具有千百種樣貌，乾淨的藍天純潔的白雲是美、繽紛的晚霞絢爛的夕陽也是美；交響樂是美、小夜曲也是美；熱情是美、沉靜也是美；年輕是美、成熟也是美……正因為美的面貌多元，所以這個世界才會如此有趣！但是事物都有對比的兩面，既有美就有不美。我長年以來耕耘美的園地，發現不論人們用怎樣的標準來評斷人事物的美麗與否，取決的最終關鍵都是純淨與否 (Pure or not Pure)。

純淨是人類與生俱來的特質，想想嬰兒天真的笑容、無邪的眼神、嫩彈的肌膚等等，是多麼令人由衷地喜愛，但是在成長過程中，受到周遭環境的影響，人學會圓融世故、攻於心計，純淨的特質不是被掩蓋，就是點點滴滴流失。

當看見純真的美時，我相信所有人都會興起一股想回到純真年代的念頭，然而生命只能向前，每個人望向昨日、望向童年，那都是回不去的時光。

不過歷經物慾橫流的世代，現在的世界潮流大有「反璞歸真」的趨勢。這是全世界人類共同啟動的自癒能力，就好像人如果每天吃大魚大肉，讓自

己肚肥胃突後，再繼續讓他吃山珍海味，這就再也不是享受了，反而清粥小菜或蔬菜水果會顯得更為爽口。如果我們每天放眼望去都是濃妝豔抹的麗人，也會特別想念脂粉未施的清秀佳人吧。地球經過人類過度開採、濫用資源、污染嚴重，如今乾淨的生存空間已幾乎蕩然無存，如果要地球永續，就必須先淨化人類的心靈，人心乾淨才不致貪婪無度、恣意破壞與浪費，生病的地球才有回復生機的可能。

我深信人類即將邁向一個心靈凌駕物質的時代。而且許多人已經開始身體力行。

堅持無污染無化學的生機概念、家禽家畜的人道飼養、回收再利用的環保概念、樂活主義、慢食主張、療癒的音樂、突顯好膚質的裸妝、時尚界風行的無印風格……等，都是對鋪張貪念的反思與實踐。

而它們的共通語言就在於純淨。

找回純淨特質的捷徑就是順著這些潮流走，開始吃得簡單更容易發現食物的美味，假日騎單車出遊會更親近美麗的大自然，選購衣物時試著向環保材質靠攏將會發現時尚也可以很道德……

深層淨化的奇特經驗

現代人的口味越來越重，飲食當中各種人工添加物構成色、香、味俱全的假象，對於味道亦復如是，不只需要大量香水，連沐浴、洗頭、居家清潔都要

挑香噴噴的清潔用品；重金屬搖滾樂重重震撼著聽覺神經，連電視節目尺度也以辛辣、譁眾取寵為依歸。例如現在靠實力出線的藝人越來越少，反而是刻意透過裸露、緋聞或在節目上談論各種腥羶色的話題來引人注目。我相信這和人的感知力已經隨著藥物、輻射、化學物等的濫用而降低有很大的關係。在這樣的環境下，各種毒素日積月累侵襲我們的身心，讓我們離純淨越來越遠，也難怪現代人身心都越來越不健康，例如心靈方面，道德是非觀念薄弱，常感空虛無助；身體方面，罹患各種不明疾病者越來越多。

我在年輕時曾意外受傷，當時仗著年輕沒有積極治療與復健，導致脊椎位移而不自知。但時日一久就發現自己走路姿勢不正確、且無法久站和穿高跟鞋，這讓我開始正視健康問題。

生病了就去看醫生——這是我們習以為常的觀念，但有越來越多研究指出，現代醫學有其極限，如果要擁有健康，最重要的還是要啟動自己身體的療癒機制。而我一直相信淨化 (即排毒) 是讓身體回復自癒能力的有效途徑之一，我們的心靈和身體都需要透過淨化，把無形的負面思考和情緒、以及有形的化學毒素等排出體外，才有可能回歸純淨和維持健康。

2005 年 9 月，我在因緣際會下，遠赴美國好萊塢名人中心進行了一次為期 42 天的深層排毒。那是一次很獨特的經驗，我很樂意在此與讀者分享——

中心對於參加排毒者有兩項要求，第一是每天要睡滿 8 小時；第二是每天開始排毒之前要先進行 30 分鐘的跑步運動，讓身體循環加速。

坦白說，過去的我就像多數都會女子一樣，工作佔據了很多時間，所以一有空不是想吃大餐，就是只想發發呆放空自己，也就是說我並沒有運動的習慣，所以一跑起步來總是氣喘吁吁，相當難熬。不過我得告訴所有沒有運動習慣或不喜歡運動的朋友們，只要熬過最難受的那段日子，堅持下去，你會發現當身體活絡之後，對許多過去不感興趣或不敢嘗試的事物，都會開始好奇、產生想一探究竟的動力，而生活當然也就跟著精采起來了喔！

跑步之後，就是 5 個小時的烤箱時間。由於時間很長，而且持續在排汗，在過程中必須持續攝取大量的水、和補充中心所建議的鹽和鉀的劑量，以避免發生噁心、嘔吐、頭暈、頭痛、虛脫等熱衰竭現象；此外，為了預防過熱，也可以適時出去沖個涼，再回到烤箱內。

飲食方面並沒有特別限制，可以採取和平日同樣的飲食，唯需補充大量蔬菜（但不宜過度烹煮），且中心會根據每個人狀況提供維生素和礦物質的補充劑量建議。例如我每天運動前會先攝取 100 毫克的菸鹼酸，據我了解中心建議的最高攝取劑量為 5000 毫克，如果已經補充達最高劑量而尚未完成排毒者，

也只能持續攝取 5000 毫克。不過,每個人狀況不一,有些人只攝取 3000 毫克就已完成排毒。因此,當你有意願進行淨化排毒,請找尋值得信賴的專業機構,才能達到安全且事半功倍之效。

我在 42 天的淨化過程中,發生了很多不可思議的現象。例如,經歷了所謂的好轉反應 (又稱瞑眩反應或逆轉反應),過去我曾為皮膚過敏所苦,在那次排毒過程中,我竟又經歷了一次。而我之前因開刀做過全身麻醉,被麻醉的感覺也再度出現。而且我還記得,當時我的臉上排出了黃色的不明物體,仔細回想,確實有段時間我曾服用過黃色粉狀的中藥。

圖片提供 @ 活水源

我也看過一位曾吸毒的老外，在淨化過程中竟呈現出吸毒的所有狀況。另外，排出來的物質，也超乎想像得多；我們每天透過呼吸、飲食還有皮膚接觸到的化學物質簡直不計其數，像防腐劑、殺蟲劑、農藥、藥品、麻醉劑、人工香料、人工色素和各式各樣的食品添加劑等，它們日積月累滯留堆積在我們體內，這些健康的殺手都在排毒過程中陸續排出。當我親眼目睹自己身上竟排出這麼多有毒物質，才深知人類所謂的文明和進步，其實正一步步摧殘著自己的生機，我也更深刻感受到「反璞歸真」是一門多麼艱難卻又勢在必行的功課！

透過這次深層淨化，我的身體和感官都起了微妙的變化，例如：

● **味覺方面** 過去的我相當重口味，不但重鹹且重辣，清淡的食物很難入口，我不愛吃生菜沙拉，如果一定要吃那就得淋上滿滿的醬料來調味。但排毒後，青菜只需簡單汆燙我就可以吃得津津有味，並且非常享受青菜原始的甘甜；而當味覺變靈敏後，食物若添加味精或其他化學成分，我一吃馬上有不舒服的反應，也因此，我的飲食不僅變得清淡，我的味覺雷達也會自動排除掉「太人工」的食物。

● **嗅覺方面** 當我淨化到中期，約 20 天左右，嗅覺也起了很大變化，當時變得很難忍受其他排毒者身上排出的味道，甚至有幾次奪門而出。而在中心的

經驗分享中，我發現幾乎每個人都經歷過類似我這樣的過程。經歷過那階段
後，每當我聞到太濃郁的香水味或任何人工合成的香味也會不舒服，因為大
部分市售香水都是以化學成分調製出香味，當嗅覺變靈敏之後，對這種人工
合成的產物自然會敬而遠之。

● **視覺方面** 對我來說，透過淨化帶來的效益當屬視覺的變化最令我稱奇。在
淨化前，我的視力就和許多用眼過度的上班族一樣，一直在退化中，尤其晚
上看書視線就開始模糊，但到淨化末期，我發現我連視覺也提升了！在中心
淨化時，我習慣於傍晚時分站在落地窗前眺望好萊塢豪宅，而突然有一天我

發現過去影像模糊的遠方豪宅竟然如在眼前般清晰可見。而另一次也是在晚餐前，我正打算坐下來用餐，卻在不經意抬頭時，發現天空美得無可形容，這讓我情不自禁飛奔到落地窗前，讚嘆天空之美。而且在那次經驗後，回到國內，我又多次看到天空美麗的景象就在眼前，讓我感動不已！大自然的美一直都存在的，但現代人因感官退化，早已不再感知、不再感動，而淨化，不僅讓我的視力好轉，更讓我的視野樂於擁抱自然，得以享受這無價之美。

對我而言，七年前的淨化確實是獲益良多，更重要的是透過感官提升，我的心靈也得以淨化。因為我很能夠享受自然原始的風味，我的物慾也跟著降低，我發現日子過得越簡單就越容易滿足，而且在單純生活中快樂竟越來越多！

過去在追求美的道路上，我也做過許多人工手段的嘗試，例如施打肉毒桿菌、嘗試各種最新最頂級的保養品等，但後來發現，人只要能夠接受當下的自己，容易滿足，擁有自信，就會產生美的姿態和樣貌。

這也讓我在造型工作中，更加落實我精確購物的主張。買得正確遠比擁有滿坑滿谷的漂亮衣物更重要，與其執著於無窮的購物慣性，倒不如充實內在之美，培養時尚品味，因為由內而外散發的美麗，只會隨時光而益顯雋永，而無須擔心歲月會奪去我們的美麗。

▌ 快速潔淨魔法

透過專業淨化排毒，可以快速將日積月累的毒素排出體外，讓身體潔淨，進而打開心靈之窗，讓負面能量消散、心也跟著 pure 起來。由於淨化必須定期持續進行，我有幾個可以讓身心快速潔淨的方式，很有效的，你也可以試試看！

● 用洗滌讓身體潔淨

很多人有這樣的經驗，在外面忙碌了一整天，最渴望的就是回到家可以暢快的洗個澡，當洗去一身塵埃後，所有的沉重感頓時消失，而在外面可能受到負面磁場的影響，也可以一併卸下。而除了夜晚的沐浴外，我也建議早上進行簡單的淋浴和洗頭，透過水的潔淨功效，對於那些有起床氣或者永遠感覺睡不飽而無精打采的人最容易感受到效益。另外當感覺頭皮緊繃時容易情緒不穩定，接下來很容易產生頭痛現象。藉洗頭過程可適度按摩到頭部許多重要穴道，除了輕鬆自在感外，還兼具養生功能呢。

● 慎選外食餐館

身體的毒素有很多是透過飲食進入我們體內，加上現代人外食機會多，所以一定要慎選餐館。生機飲食是很好的選擇，但如果無法就近常常前往，更要慎選出可以吃得安心的店家。食材不見得要高檔，但新鮮、烹調過程不要有太多人工添加物是基本條件。我自從赴好萊塢淨化後，味覺感知度大為提升，只要吃到有添加物或味精的食物，後頸就會有痠脹感，也有人吃到味精會容易口渴。為了自己的健康，請用心去感覺，如果你到某店家用餐後，容易脖子痠、無精打采、口乾舌燥，或者飽脹感久久無法消失、食物沒有辦法在當天就消化等，這樣的餐館，不管提供的是如何的珍饈美味都不該再去了。每家店前三次消費都要仔細去感覺！

● 每周找一天吃全素

人類為滿足自己的口腹之慾，大量繁殖牲畜並過度捕撈海洋生物，有研究報告指出，畜牧業是地球 CO_2 過量的元凶，而海洋資源也因人類的貪婪而面臨生態浩劫。因此我鼓勵讀者在方便的情況下盡可能吃素，和葷食相較，吃素確實更加環保，而且素食也讓身體少負擔，身體輕盈心情也會跟著愉快，煩躁感也不翼而飛，身心當然更趨於潔淨。如果可以，也可進一步嘗試一周一次斷食，更徹底排毒。斷食並不是滴水不沾，反而要更注意水分的補充，當然也可以適量的吃些水果或果汁，補充營養與纖維質，來降低飢餓感和維持體力。

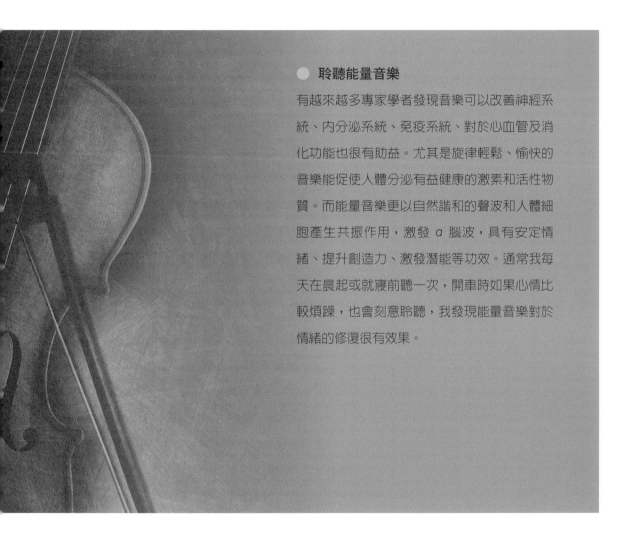

● 聆聽能量音樂

有越來越多專家學者發現音樂可以改善神經系統、內分泌系統、免疫系統、對於心血管及消化功能也很有助益。尤其是旋律輕鬆、愉快的音樂能促使人體分泌有益健康的激素和活性物質。而能量音樂更以自然諧和的聲波和人體細胞產生共振作用，激發 α 腦波，具有安定情緒、提升創造力、激發潛能等功效。通常我每天在晨起或就寢前聽一次，開車時如果心情比較煩躁，也會刻意聆聽，我發現能量音樂對於情緒的修復很有效果。

● 積極從事運動

運動對身體的好處人盡皆知，但上班族時間安排通常很緊湊，總是抽不出時間運動，久而久之身體就進入「亞健康」狀態。我建議不論你現在健康與否，當下就培養運動的習慣，可在平日生活中安排多動的機會，包括提早一站下車、多走樓梯少搭電梯、用餐後至少散步 15 分鐘……等。更重要的是，一周至少安排一次激烈的運動，不論跳街舞、有氧舞蹈、慢跑、打羽毛球或騎腳踏車等，一定要讓自己痛快流汗，且讓所有大肌肉群都能被鍛鍊到；從中醫的觀點來看，分布於全身的經絡和各個內臟器官是相通相連的，所以只要有動到四肢的運動就有按摩內臟的功效。持續的運動對於排除體內毒素，深層淨化非常有幫助，請大家一定要培養一種可以讓自己持之以恆的運動，這會是你人生的重要資產。

● 泡澡

醫學研究指出，人體溫度每升高一度，可提高 30% 的免疫力。因此從古至今、不分東西，都有重視泡湯的養生智慧。而泡澡擁有和泡溫泉極為類似的功效、而且對分秒必爭的現代人更加方便。泡澡的最佳水溫是 38~40 度的溫水，超過 42 度細胞將無法承受，人體正常機能會被破壞，所以洗澡水並不是越熱越好、泡澡的時間也不要過長，約 20 分鐘即可，以免造成心血管的負擔喔。正確泡澡可以同時達到保健和抗老的功效。市面上有琳瑯滿目的泡澡用品，可適量採購來增添泡澡的樂趣，而我則是選擇精油為泡澡效果加分。

不過市面上的精油品質良莠不齊，精油可經皮膚吸收進入人體，劣質精油對肝、腎、腦會有負面影響，只有優質精油能彰顯芳香療法的效益，建議找可信賴的廠商購買，不但品質有保障、還可諮詢精油相關知識、甚至請對方為你量身調配精油。如果家裡沒有浴缸，我還是會建議你多泡腳，泡腳同樣可以提高體溫讓代謝變好，對於改善下肢浮腫、冰冷都有幫助，而且更省水更環保喔。

▌美麗，是上天送給女人的最佳禮物

我經常強調，「愛美是道德的，不愛美才是膚淺。」因為所有人都喜歡美好的事物，當你用心打理自己，呈現出珍視自己的愛和尊重他人的禮儀，就產生了美的氛圍，這會帶動起一股正向的循環，讓這個世界更美好。而擁有這樣正面能量的人，通常擁有一股純淨的心靈力量，所以他不會隨波逐流，盲從時尚，儘管世界有太多不純淨的沉淪力量，但只要我們擁有主導自己心的能力，我們還是有機會成為內外皆純淨的美人。

我所強調的時尚美學並非附庸於快速更迭的流行文化中，而是讓自己成為有能力主導穿衣打扮風格的獨立個體。以這樣的思想出發，只要透過以下幾個面向來檢視，穿出自己的特色再也不是難事。

● 了解自己的體型

高瘦的模特兒是天生衣架子，但嬌小玲瓏的女子也有自己的魅力，身材較圓的人也可以有自己的品味。楊丞琳、郭采潔都是身高不滿一米六的嬌小美女，演藝事業照樣紅透半邊天，蘇珊大嬸 (Susan Boyle，在英國選秀節目中一鳴驚人的素人歌手) 路人般的長相和體態也無損她的天籟美聲，不是嗎？天生完美的人或許至今都還沒出現過，但這世界已經有了如此繽紛的美的樣貌，秘訣就是了解自己、展現自己的優勢，才能打造專屬的獨特品味。

圖片來源 @PHILOSOPHY

身型由骨架和肌肉比例組成，而身材則每天都可能有細微的變化，我建議每晚沐浴後透過全身穿衣鏡檢視自己的身材，仔細端詳自己的肩、胸、臂、腰、臀、腿的線條及變化，掌握自己身體的各項比例及狀態。造型的大原則就是「突顯優點、修飾缺點」，當你很清楚自己身材上的優缺點後，就會知道自己適合的裙長及褲型、甚至何種衣服剪裁較適合自己了。

● 了解身上的顏色

身上的顏色最主要的就是膚色，其次就是髮色、眉毛、和眼球的顏色。配色的基本原則是：膚色白皙會較適合偏冷的色彩，例如：白色、粉紅、水藍等，膚色偏黃則和暖色調較速配，例如黃色、綠色，咖啡色等。這樣的配色重視的是協調的美感，當然如果你對自己的搭配能力很有自信，撞色會讓你看起來更時尚。請參考第一章 Judy 為你揭露的色彩搭配，可幫助你把色彩玩得更出色！

● 了解自己的角色

人是群居的動物，在不同時空中扮演著不同的角色，例如職業婦女和家庭主婦對衣服的選擇標準肯定不同，藝術工作者和從事金融業的穿衣風格也不同，所以當你要買衣服時，不能一味只考慮自己的喜好和流行，請考慮清楚你的身分及職業類別，穿怎樣的衣服最得體，會讓你感受最自在、最有自信，那才是你買衣服或穿搭的首要考量。

● 了解衣服質感的重要性

許多人無法認同，同樣是 T-shirt，名牌一件動輒數千元或上萬，而地攤一件只賣 199，買名牌真的值得嗎？因為經濟預算由你掌控，我無法給你絕對的答案，但我想提醒大家，撇開一個品牌誕生背後所投注的心血與成本，試想廉價成衣最常發生的狀況：下水就褪色、穿兩次就變形起毛球、剪裁車工粗糙、線頭外露……等，請問其中哪一項符合美感要求？其次，穿廉價衣的人通常並不會特別珍惜衣物，行為舉止間便少了一份優雅，而且廉價衣和精緻的妝容也毫不搭軋。如果你想成為穿衣高手，那麼一件質感好、剪裁完美的衣服絕對勝過十件沒有質感的衣服 (儘管它第一眼是多麼亮麗)，我不鼓勵讀者非名牌不買，但在廣大商品市場中找到符合你預算，又有質感的品牌，是每個人必做的功課。

圖片來源 @SCHUMACHER

● 配件飾品是最佳綠葉

當你從喜歡就買、便宜就買或流行就買的隨性採購，轉為重質不重量的購物態度，這樣的過程中，你的美學品味已經在無形中萌芽滋長了。如果你擔心，衣服不夠多，少了變化的樂趣，請別忘了配件也是整體造型的一環，尤其是有質感的包包和鞋子，可說是女性必備的配件，如果妳的單品都走簡約路線，那麼飾品就可充分發揮畫龍點睛的效果，例如精緻典雅的飾品讓內斂風格更聚焦，而華麗誇張的飾品則可充分宣示個性。

減齡穿搭原則

現在可是個多元包容的時代,在青春正妹當道的同時,美魔女的勢力也開始興起,而我要提醒的是,很多人只看到美魔女保養得宜的外表,卻忽略了要成為美魔女,必定擁有強大的自信,才能在面對歲月時顯得如此從容,是這樣的心念讓女人變美,而不是諱談年齡,刻意裝年輕。不過話說回來,由於現代人普遍保養得宜,外表看起來確實比實際年齡更為年輕,那麼我建議不妨利用這樣的優勢,把自己裝扮得年輕些,這會帶給自己一股活力,進而把活力感染給別人。當你是十幾二十幾歲時,就照著自己年齡的方式穿衣就好,通常我建議減齡穿搭是在邁入熟女年紀,也就是三十歲之後。原則為30~35歲減3~5歲穿搭,36~48歲減6~10歲穿搭,49~60歲減11~15歲穿搭。

視覺修飾有訣竅

● **粗大腿** 迷你裙再也不是大腿粗的絕緣體,A字短裙或打兩褶活褶的短裙,由於裙片寬,在視覺上會產生寬鬆的效果,可以掩飾大腿粗壯的感覺。另外也可選穿腰身與臀圍合身的直筒褲,加上垂墜性材質將更具修長效果,而一雙有高度的鞋,也會讓妳的腿更顯瘦。

圖片來源 @PHILOSOPHY

● **微突的小腹** 大多數女性都有小腹突出的困擾，只要選擇長度剛好可以遮住小腹的上衣 (A 字版型更優)，就能輕鬆解決這個困擾，另外，不要把上衣紮到裙或褲中、並且盡量避免使用腰帶或過多設計在腹部上，妳可以刻意將腰帶放低，鬆鬆的繫在腰際下方，或高腰洋裝，都可以把視線移到腰部以外的地方，別人就不會注意到妳是「小腹婆」囉。

● **粗腰或寬臀圍** 直筒身形的女性，腰臀的比例較接近，如果妳介意這種看起來比較沒有曲線的身形，那麼一點墊肩將會讓妳的腰看起來纖細一些，或較寬大或傘狀上衣將會是妳很好的選擇，例如屬於高又直的身材，寬大長上衣可以塑造出隨性瀟灑的帥氣，嬌小體態者，也可以透過強調胸線的寬上衣 (長度過腰即可)，穿出女性特有的嫵媚。粗腰者建議選擇沒有腰身的外套。寬臀圍的女性在下半身須避免厚重布料以免看起來臀部更大。

圖片來源 @PHILOSOPHY

圖片來源 @Alice by Temperley

● **胸部過大** 雖然豐滿的胸部總是與性感劃上等號，然而胸部過大，在視覺上容易有不靈活的感覺，還有，別忘了還是有很多人有「胸大無腦」的刻板印象，尤其在職場上容易讓人有不專業的錯覺。建議有此困擾者在選擇上衣時，款式盡量單純，荷葉邊或在胸前過多裝飾設計等都是大忌。一件式洋裝或長版背心裙都屬視覺上較單純的衣服，加上和不同顏色上衣的搭配，可以產生胸前視覺切割的效果，那麼即便胸前太偉大，也不會是妳的困擾，而低領設計服裝會比高領設計讓妳上圍看起來豐滿而不過大。

● **蘿蔔腿** 蘿蔔腿是女人最大的敵人之一，久站，下肢循環不良的粗小腿可透過按摩、抬腿、泡腳等方式來改善，但天生的蘿蔔腿除非透過醫美整形的手段否則幾乎無計可施。但也無須過度悲觀，煙管褲和直筒褲就是妳的救星，如果再搭配一雙高跟鞋，時髦指數更會立即提升喔。冬天則可選擇長靴做搭配或柔和深色不透明褲襪也會掩飾妳的蘿蔔腿，或把設計放在上半身以轉移下半身的注意力。

圖片來源 @PHILOSOPHY

得體穿衣的四P哲學

運用造型展現自我，對於拓展人際關係有很大的助益。所謂造型，從流行的角度來說，就是整體的搭配裝飾，以及視覺的呈現，其目的就是創造形象。當你擁有想要達到的外在形象，你的自信和自我肯定也會隨之成長，讓你成為擁有樂觀積極正面態度的人，當你把這樣的能量往周遭擴散，你將得到許多友善的回應，把你的人際關係帶到一個嶄新的境界。

所以擁有優質正面的形象是你該努力追求的。至於如何打造個人專屬形象，我想先分享一位記者朋友和我的討論。

他去參加一場座談會，主題是「全球化」的議題，與會者大多是專業經理人。在那樣的場合，男士就是穿西裝打領帶，女性也大多著套裝，但其中有個女孩子梳了一個復古的阿哥哥頭還繫上寬髮帶，身上穿的是寬肩帶、膝上短洋裝，整體感覺是走時尚復古風。我的記者朋友說，那女孩子打扮得滿搶眼的，所以令他印象深刻，但是感覺上又好像她是要出席一個時尚派對卻走錯地方了。

我的記者朋友因此很困惑的問我：「到底是穿對比較重要，還是穿得搶眼比較吃香？」

給答案前，我先和朋友分享我從事形象顧問以來，不斷闡述的「四P哲學」，這是我對造型的最基本定義！

所謂四P指的是 Person 對象、Purpose 目的、Place 場合、Personality 個人風格。從社交的角度來說，衣服穿出去就是給人看的，所以我們一定要了解今天出門是要去見誰？有什麼目的？究竟是休閒還是正式的場合？

打個比方好了，假設妳今天要去見初次見面的網友，或者去相親也行（對象），你們在網路上對彼此已經有了一定的熟悉度，妳會知道他喜歡什麼、不喜歡什麼。如果妳希望和他當好朋友（目的），妳就會投其所好去打扮，如果妳存心搞砸這次見面，妳當然就隨便穿，甚至明知對方的禁忌，而故意去踩地雷。

所以，衣服究竟穿的對或不對還得考量「場合」。譬如正式的演講場合，想好好聽演講的人，自然會穿著符合這個場合默契的服裝出現。當一個女孩子穿襯衫加及膝窄裙來聽演講，我們覺得她穿對了。因為她傳達出一個訊息：「我是專業的，而且我是來聽演講的，並不是來招蜂引蝶的。」但是做復古時尚裝扮的女孩子出現，我們接收到的訊息比較會傾向：「我是來聽演講順便交朋友的」，甚至更大的程度是在於「我的目的就是要讓大家都注意到我。」如果從場合來看，她的穿著確實突兀，而且完全表現不出專業；但假設說她就是希望成為目光的焦點，坦白說她很成功。

每個人想要達到的目的不一樣，有的人認為穿出符合該場合默契的服裝，中規中矩不出錯最安全，但也會有人想要出奇制勝。只是，如果不是走在安全的道路上，自己就要有承擔風險的能力。譬如，當公司指派妳出席一個專業會議，當然會期待妳拿出專業上的看家本領、並且把公司的名號或品牌推廣出去。所以在專業形象中，藉由一個小亮點(例如深灰色套裝搭紫色皮包、黑色裙裝搭橘色高跟鞋等)讓別人容易注意到妳是被容許的，但如果妳代表公司卻把場子搞得像是為妳量身打造的派對，那麼只能提醒妳，這是大險招，失敗搞砸的機率不低喔。說回來，該女孩當天在那場合是出了鋒頭，所以，如果要透過造型凸顯自我，在正式演講場合做時尚復古裝扮，基本上是有創意，而且令人印象深刻的。但是不專業的穿著會不會成為往後在職場發展的絆腳石，那就得看她從事的是什麼性質的工作了。

不管怎麼樣，在這個時代，個人風格的塑造已經是造型上不可或缺的重點。放眼百花爭豔的演藝圈，費玉青、周星馳、安室奈美惠、王菲等，都因擁有獨特風格而成為耀眼的明星。甚至由政治圈轉戰媒體的陳文茜，她才不管政治人物該怎麼穿，媒體人又該怎麼打扮，我行我素卻自成了她旗幟鮮明的風格。但我還是要提醒，越是要走標新立異的路線，你就要具備越深厚的內涵和實力，才不會像一顆脹滿氣的氣球，一戳便破。

當你在思考該怎麼穿，如何表現形象，用「四P」來思考就八九不離十了。

優質的形象是擁有美麗人生的一大利器，而美麗並非單指個人的外表，還有人際互動的和諧、舒適的居家、自己樂意的工作、擁有經濟上的自由、自在的生活方式……，各方面的滿意，才能讓自己隨時處於美的氛圍中。

做一個自在的人是很重要的，每個人在需要的時候要能夠融入群體，但也要有獨處的能力。數位生活是時代所趨，從電腦到各式各樣的行動裝置，幾乎主宰了每個人的生活，從宅男宅女到「低頭族」充斥的現代社會，其實是相當程度的反映出令人擔心的現象─現代人 (很抱歉，我必須直接點出，尤其是年輕人) 普遍缺乏和自己相處的能力，而如果沒辦法和自己相處，又如何能與人有美好的互動關係呢？

我並不是反對數位生活，事實上我和平板電腦、智慧型手機也是好朋友，但是離開它們，一樣可以過精采的生活。關鍵在於培養自己的興趣，養

成欣賞美好事物的習慣，所謂興趣指的是內心的真實喜好，因為所有興趣和習慣都是與你時時相伴，甚至終身相伴的，它能夠讓你在與人互動或身處大團體中，散發你渾然天成的氣質，也能夠在你獨處時感到怡然自得。培養興趣與習慣，這和性別、年齡、貧富等因素都沒有關係，重點在於你願意去嘗試，希望透過以下簡單的分享，引領讀者進入人文美學的氛圍中。

● 每周聽一次古典音樂、閱讀一本書或雜誌

古典音樂是以理性的邏輯結構進行創作的樂曲，卻總能釋放出全然感性的力量，因此古典音樂具有龐大的渲染力是無庸置疑的，然而多數人卻總是把它想像成深奧、菁英專屬的嗜好。事實上欣賞古典音樂並不困難，我和多數人一樣不懂樂理，對於古典樂所知更是有限，但我認為只要專注聆聽，就不難得到感動，我曾經在朋友引導下聽貝多芬的第九號交響曲，就被那既振奮又舒緩，充滿創新能量的旋律所撞擊！

我建議入門者每周給自己一段可以專注聆聽音樂的時間，試著體會看看自己和音樂之間可以產生怎樣的交流，至於音樂種類，從自己喜歡的旋律開始是很好的入門方式，另外，我也建議每天撥些時間多聽音樂，利用盥洗梳妝，喝茶發呆，上網，用餐的時間聽音樂，我們的重點是聽，而非研究，也無須寫報告，在毫無壓力的情況下聆聽，盡情去感受聽覺之美。

閱讀對一個人內涵的培養也很重要，很多人以看電視、飆網路取代閱讀，沒錯，你得到資訊了，但那是未經內化的資料，並不是你的見解，很多人表達能力不好，經常感到思潮澎湃卻難以與人分享，講了兩句話之後就再也吐不出能與人有共鳴的話語了，這種人通常是不閱讀的。在競爭激烈的社會中，懂得表達的人最有優勢，而閱讀可以為我們創造思考空間，你才有機會反芻消化所看到的，日積月累就會言之有物，所以千萬不能忽略閱讀的力量。閱讀的書刊，一定要包括專業和非專業的，專業書刊可強化你的工作能力，而非專業書刊則可開拓視野，言談間散發自信的風采。

● 每個月逛一次花市

接近大自然對人有很好的療癒效果，置身都市水泥叢林中的人們就是因為脫離了自然環境和節奏，所以文明病叢生，我建議大家有機會一定要多接近大自然，但如果客觀條件不允許我們常到郊外，那麼至少應該要盡量綠化居家，哪怕是一個小小的盆栽，用心去照顧它，都可以得到許多成就感和樂趣。用植栽布置居家，也是轉換空間語言、為居家帶來新意，最方便、省錢的方式。每個月逛一次花市，除了有欣賞花木的樂趣，還可以吸收到許多園藝達人的巧思，除了建國花市、內湖花市外，士林文林北路的花市雖然規模較小，但更為精緻，有空可以去挖寶喔。

● 每隔一兩個月至少看一次展覽

展覽是將某個特定主題透過作品、鋪陳方式、空間氛圍等來與參觀者進行溝通或分享，參觀展覽已經是現代人親近藝術的最佳管道之一，不論主題是前衛或古典或另類，不論媒介是繪畫、攝影、文物、服裝或家具，只要記住我們是來欣賞美的事物、盡情感受美的氛圍就可以了。近年來台灣藝文展覽越來越蓬勃、也越來越專業，過去我們得要千里迢迢到日本或歐美才能看到的曠世巨作，現在都有機會到台灣來展演，所以大家千萬不要錯過這種難得的體驗美感的機會，當然，對於現代藝術創作者，我們也不妨透過參觀展覽大方給他們鼓勵。

● 每半年到表演廳欣賞一次歌劇或音樂劇

我強調的是親赴表演廳去欣賞，而不是看電視轉播或 DVD，我們要的是臨場感，是沒有剪接、無法修飾的原汁原味表演能量，這和邊吃零食邊看電影、或者邊做家事邊看電視是完全不同的參與過程，如果經濟能力許可，建議盡量挑選好的位置，以便盡情感受這場藝術饗宴。除了表演本身，也不妨趁機多觀察周遭人的穿著打扮、服務人員的服務水準、甚至是建築物本身或其中設備與擺飾，這些都會成為你的美麗新能量。

殿堂級的藝術本來就所費不貲，但是它回饋給有心親近者的也絕非泛泛，如果你認為值得，但是預算有限，那麼為了它少買一件名牌衣或一個包包，你也會樂於去做，每個人一生都在面臨抉擇，如果你在意身材，就得相當節制的享受美食；想要愛地球，夏天就得少吹冷氣，同樣的，如果你只有一萬元，你要為自己留存一次與藝術相遇的震撼，或者擁有一件朝思暮想的美衣，你擁有絕對的決定權，決定了就欣然為之，如此而已！

● 每年至少一次一個人旅行

很多人有收入之後，會安排至少一年一度的國外旅行來犒賞自己，透過旅行增廣見聞、感受異國文化、享受放鬆的安逸，都是很美妙的經驗，不過，如果你一直以來都是呼朋引伴跟團旅行，那麼我要鼓勵你再進一步，試著獨自去旅行，可以從自己跟團開始，再慢慢累積經驗到可以獨立自助旅行。當然，旅行並不一定要出國，你也可以在國內選一個喜歡的度假地點去體驗一個人的生活。我鼓勵單獨出遊，因為這是訓練全然獨立的好方法，透過目的地選定，路線規劃，行李打包，交通安排，如何在陌生環境中照顧自己、需要時如何求助、如何安全的結交新朋友，每一個步驟和環節都會漸漸的讓人去掉依賴性，變得更敏銳更聰明。

電影《享受吧！一個人的旅行》中，茱莉亞‧羅勃茲在印度體驗虔誠的過程，讓人看到一個在現實中不斷掙扎的女人，努力自我修補後終於脫胎換骨。要知道，獨立性格的運作和自我對話的能力，對於提升美的能量是很重要的。獨自旅行可以讓人沒有包袱的展現自己，在旅途中別人看到的將是最真實的自己，所以觀察別人對你的回饋與反應，或許也會讓你認識一個你從來沒發現的自己呢。

Judy 美麗心法

當有人侮辱妳或講一些批評妳的話，妳要把焦點放在妳只是在聽他講，什麼事都不要做，也不要反應，只要聽就好；然後當有人讚美妳時，也只是聽：不管是侮辱或讚美，不管是榮耀或詆毀，只是聆聽就好。妳的外圍會受到干擾，妳也看著它，不要試圖去改變它，保持歸於妳自己的中心，忽然間，妳將會覺得很超然，那不是被強迫的，而是自發性的。一旦妳有了那種自然而生的超然感覺，就沒有什麼事會干擾妳了，自信也會油然而生。

我曾經用這樣的方法，增加自信，真的是很有效，妳也可以試試看！開始實行這心法的時候，是不太容易做到，慢慢的，透過覺察，妳會越做越好，這也是愛自己的一個好方法。

結 語

五生的智慧—新時代的穿衣哲學

「五生」生存、生活、生態、生動、生機 ——

五生是一種嶄新的時尚態度，也是我近年來覺察到的新觀念；我希望大家
都應該要理解並實行，這是時尚美女都應該要有的概念。

生存

在美觀的因素尚未考慮到之前，人類穿上衣服，其實最主要是為了保暖；
在不同的氣候狀態下，需要不同的衣物來保護我們的身體健康。對我們來
說，針對衣物的消費行為，已經不只是取得保暖的工具，也提供給成衣相
關業者，一個生存的空間。這個產業中的每一個人，也要有一個核心概念
是，要吃得飽也要有良心；對於消費者來說，則是選擇安全的衣服穿著。
不久前，常出現黑心衣物的新聞報導，不論是使用有毒的染劑，或者是不
好的布料，這些都讓我非常生氣；當然，消費者也要有先知先覺不要因為
便宜而購買，要真的了解衣物的價值，而用實際行動抵制黑心衣物。

生活

在流行時尚的領域中，大家常常會關注到「過度消費」的問題，在本書當中，也會看到我一直在強調要如何運用舊衣、穿搭出新風格。其實，我並非反對「購買新品」的行為，反而我會關注到，必須創造產銷間多元化的營利機會。在這個產業間，農人種植棉花、布商編織與販售布料、設計師設計商品，再透過商人銷售，最後由消費者購買，在每個環節當中，都存有生活的價值。我很贊同適時的添購新衣物，但是要有智慧的選擇，若用三千元買衣服，就要有同等價值的回饋。例如，這三千元購買的新衣可以為我創造出美好的形象、讓我穿起來感覺很舒適、讓我的身材看起來更好、讓我的專業表現出來……等；甚至，能與我的舊衣可以混搭另一番新的風貌，而且這樣的樣貌與風格要與當下的你更速配。

生態

正如同我一直提到的，環保是現代美女最應該具備的時尚概念。在購買衣物的過程中，必須先了解產銷業者對產品的製造過程，不會對地球造成負擔；即便只是微不足道的消費行為，我們都有責任為未來的地球盡一分心力，確保它將是一個美淨的空間。而我們可以做到的就是，避免被媒體不時的洗腦，別讓消費行為變得盲從、沒有節制又沒有智慧。例如聽從了錯誤的流行概念，造成鱷魚、老虎、雪貂等動物的瀕危。如果是因為愛美而讓生態改變，這樣的女人是不時尚的；我們要支持不生產真正動物毛皮的設計師、品牌，要使用生機綿等自然有機的產品，讓地球減少汙染。

生動

衣服本身原只是單一的配件，唯有穿到我們身上，融入我們的磁場後，才能散發出不同的能量。在穿衣服時，一定要選擇讓自己舒適、自在的衣服；許多人為了追求流行，為了穿上當季的新品，或是因為某個名人的穿戴搭配，而勉強去穿不適合自己的衣服或鞋子。這時候，因為不合穿而自然衍生心理上的尷尬與生理上的抗拒，都會明顯反應在你的外表上。以我自己為例，因為身體健康的因素，我已經多年不穿高跟鞋，但我並不會因此而覺得矮人一截；更重要的是，我穿上了讓我自己感覺舒適的鞋子，走起路來充滿自信，更能展現出魅力。因此，我認為，美麗與舒適是要並存的。

生機

所謂的生機盎然，當然要每天都穿出滿滿的生氣，讓美美的自己，看起來就擁有盎然的生機。我們常說「平心而論」，當「心」能夠感受到美的氛圍時，越能夠讓內在平靜，進而達到更深層的滿足。雖然這樣的說法較為抽象，但事實上，穿上理想的、適當的衣服，確實是可以增進我們人生的滿意度；藉由這樣的做法，讓我們感受到滿足、踏實，生出喜悅，讓身體更加健康，讓生活充滿希望，最終達到理想的人生。

其中，身心健康就是這一整個環節中最重要的，「最美，我自信」穿衣服就會展現生機，心情喜悅、滿足、快樂，而後又會更加健康。

「自信」，是貫穿本書的重要概念 —— 環肥燕瘦，本來美就有各種不同的姿態，每個年代都有自己的標準，美會因為不同的時間、年代、人，而有不同的標準。曾經，瑪麗蓮夢露是所有男人的夢中情人，誰能料想到，接下來改變世界審美觀的，會是男孩子氣的崔姬 (Twiggy) ？要展現出獨特風情與自我特色，主要是要有自信，要懂得欣賞自己，先學會愛自己，然後多打扮、多運動，就能呈現出最有生機的美。

五生的智慧，不只能運用在穿衣，更可以運用到生活的各個層面，讓每一個人的生活更加豐富、圓滿。這是我這幾年來，周遊各國、多方歷練所得到的心得與體會；由衷希望每一位讀者都能和我一樣 —— 最美，我自信；運用五生的穿衣智慧，展現出神采奕奕的自己！

CASE 1

這件米白開襟外套，和我相處已有十年的時間。因為常穿，袖子被拉長了，但我還是很喜歡它，因為在寒冷的冬天，拉長的袖子就像手套一樣溫暖我的手，所以心念一轉，變長的袖子，也能轉換成另一種時尚。

十年前，當我看到這件外套就一見鍾情，而且很清楚我會常穿它，果然在紐約進修時，它成為我的最佳伴侶；雖然這件衣服所費不貲，但一穿十年，算起來也符合成本效益。再加上穿上它，我心情特別好，也得到許多讚美，即便是在時尚之都一紐約，也讓我看起來一點都不遜色。所以，購買衣服時，思維正確其結果才會理想。

攝於二○○二年 美國紐約

DATA

● 米白開襟外套

品牌：LOUIS VUIITON　約十年

購買地點：二○○二年購於中山北路專賣店

● 咖啡踩腳褲

品牌：PLEIN SUD　約三年

購買地點：二○○九年購於法國巴黎 百貨公司

● 咖啡麂皮半筒靴

品牌：FRATELLI ROSSETTI　約兩年

購買地點：二○一一年購於法國巴黎 百貨公司

保養建議

● 毛衣類建議摺疊收納，以免長久吊掛，導致衣身變長。

● 白、米白類衣物建議請專業處理清洗，以延長壽命。

● 每一季都應拿出來穿穿，才能保持衣物的良好狀態，使它們不泛黃、沒有味道、布料不起變化。

小叮嚀

● 喀什米爾的開襟外套，搭配內搭時應選擇：喀什米爾、羊毛或針織類較適合。

晚宴小包通常使用於正式晚宴或一般 Party，但台灣的社交方式，並沒有很多非常正式的宴會場合，所以建議可多運用於晚上聚餐，上餐館時亦可拿出來搭配使用，如此一來就不會讓你的小包，一年出場不到三次。

攝於二〇〇二年 美國紐約

DATA

● 小手提包

品牌：Prada　約十年

購買地點：二〇〇二年購於紐約旗艦店

● 黑色開襟外套

品牌：Fendi　約三年

購買地點：二〇〇九年購於 SOGO 敦南 Fendi 專賣店

● 黑色長靴

品牌：Tods　約二年

購買地點：二〇一〇年購於微風廣場

保養建議

● 白色皮質包，需主人小心呵護，才不至於很快就泛黃變舊，建議放置於層板上較通風處；收納小包的布袋，則放置在皮包下方，以便出國時可找到布袋收納。

● 白皮質包不建議長時間收納在布袋裡，以免因濕氣、不通風而泛黃。

● 用米粒大小的保養油擦拭後，再用白棉布擦拭一遍即可，保養後建議放置較通風的地方一至二天，再放入收納區。

小叮嚀

● 一個具有設計感的包款，例如鑲有彩色寶石，則簡單素雅的服裝最能表現其特色。

顏色搭配方面，黑、灰是最不出錯的搭配法或選擇寶石的顏色服裝，如白色、黃色、綠色、黑色則可與晚宴小包，相得益彰。

CASE 3

十幾年前，Prada 保齡球包曾經風行一時，但不久後就退燒了，再背它顯得有點遜，所以我也曾有一段時間沒去碰它。後來想想這個包包也花了我不少錢，不使用實在不划算，此後它開始在我買菜、逛花市、按摩、運動的場所出現，雖然它早已不再我上班的服裝上做搭配，但也為我建立了不少汗馬功勞。有了它的加持，我發現就算是幾佰元、一千元的休閒服也能穿得有型有款。所以對於過季的名牌服飾，花點心思，也能為妳在休閒場合，穿出品味與時尚。

開了三次口的鞋底第四次只好請師傅用車線修補讓它牢靠

DATA

● **黑色短靴**

品牌：Hogan　約十五年

購買地點：一九九七年購於英國倫敦精品店

● **保齡球包**

品牌：Prada　約十三年

購買地點：一九九九年購於義大利米蘭 Prada 專賣店

● **鋼錶**

品牌：勞力士　約十四年

購買地點：一九九八年購於新加坡

珍貴小物

● Hogan 黑色短靴，從買下它那一刻開始，我就設定在我出國搭飛機及逛街時穿它（指的當然是氣候寒冷的國家），所以在台灣，我幾乎不曾穿過，一直到它變舊、皮也剝落後，我就轉換戰場，不再穿出國了，而是在台灣冬天下雨時穿，因為如果穿壞了，就讓它壯志成仁吧！既不心疼又能物盡其用。當然，妳的生活型態和我不盡相同，所以購物時必須考量自己的生活型態喔！

保養建議

● 靴子穿過後，需先放置於通風良好處。

● 如遇雨天，先用軟布擦拭乾淨，再放些白棉紙維持鞋內乾燥，並可固定鞋型。

● 偶爾用鞋油補亮，滋潤皮面，以延長其壽命。

CASE 4

這條菱格紋圍巾，是二十多年前剛到英國唸書時買的，一直使用到現在；它很保暖、好用，雖然背面都起了毛球，但正面看來還很 OK ！

一開始買它是用在跟同學吃飯、出去玩樂，覺得圍著很時尚；這幾年則用於寒流來時，外出採買日用品、按摩、買花、逛超市時。我認為用舊的衣物，在使用時真的較沒有顧忌；因為它畢竟已跟你上山下海多次，彼此十分熟悉也有感情，所以這類衣物仍然應該放在衣櫃裡。

之前我常用這條圍巾的背面當正面，後來背面起毛球，我就只使用正面，搭配較正式服裝，整個氛圍會更協調，如現在所搭的灰羊毛短洋裝。

攝於一九九二年 地中海遊輪上

DATA

● 菱格紋羊毛圍巾
品牌：Emporio Armani　約二十五年
購買地點：一九八七年購於英國倫敦精品店

● 深藍長方形汽球包
品牌：Jil Sander　約五年
購買地點：二○○七年購於台北 Jil Sander 專賣店

● 灰錶帶小錶面錶
品牌：Franck Muller　約十年
購買地點：二○○二年購於美國紐約錶店

● 毛料背心
品牌：Sport Max　約四年
購買地點：二○○八年購於香港 Sport Max 專賣店

保養建議

● 羊毛類圍巾一定要送專業洗衣店乾洗，以免變形、變質。

小叮嚀

● 在此和讀者分享，我的便裝都是從上班服久穿後，轉換為便裝，基本上，便裝不須購買太多；應該試著學習如何善用衣物，否則衣櫥很快就會衣滿為患。

CASE 5

要穿出流行與時尚，並不代表全身上下都得是當季新品，我認為穿著的心態比衣物是不是當季更重要。使用過季商品，並不須太高調地呈現，畢竟它已是陳年舊物；但在細心照料下，仍會有它的味道，是一種屬於主人的調調，我想這就是屬於個人風格吧！

黑色的服裝，添上金腰鍊用於提色，少了沉悶、嚴肅感，隱約可見的金色腰鍊；為整體造型加分不少。所以，過季服飾或已購置多年的衣物，只要細心照料，還是能增添丰朵。誰說從事時尚，熱愛流行的人，就只穿戴當季流行單品？我不就很惜福常穿多年的舊衣物？因為我始終相信新舊混搭才是自信的表現，才更能突顯自我風格。

攝於一九九二年 地中海遊輪上

DATA
● 金腰鍊
品牌：Gucci　約二十二年
購買地點：一九九○年購於英國倫敦 Gucci 專賣店
● 黑毛衣
品牌：DKNY　約四年
購買地點：二○○八年購於 Taipei 101 精品店
● 黑毛料寬褲
品牌：Sport Max　約三年
購買地點：二○○九年購於新加坡 Sport Max 專賣店

保養建議

● 金色腰鍊使用後,先用乾淨棉紙包起來,再放入布袋保存,永保如新。

● 飾品要與它保持互動,才不容易變質、變色。

小叮嚀

● 黑色是最不褪流行的色調,也是最隨和的顏色,任何顏色與黑色搭配都能產生協調感;建議衣櫥裡,應該具備一件喀什米爾黑毛衣,一條質料精緻的黑長褲,當需呈現專業形象時,即可派上用場。

今年秋冬黑色當紅,所以衣櫥裡有黑色衣物,就可盡情發揮,記得利用金色提色,或其它鮮艷色彩增添撞色的效果。

CASE 6

鞋齡超過十年，如果保養得宜，皮質狀況佳，可透過一件當季流行單品，展現時尚的風格；例如，動物圖案在這幾季非常 in，所以可利用這些元素，像是豹紋或剪裁線條新穎的服裝，就能讓整個造型活潑生動。

現代女性必須打破過季衣物再穿戴就是不流行的迷思，應該對舊衣物有全然的感知能力，要有勇氣重拾舊愛，讓新、舊之間擦出火花，照亮主人。

此外，如果是購買包包，我在購買前便已規劃好，如沒有機會用到或使用機會次數太少，我就會衡量價格和使用次數的投資報酬率，原則上，我的皮包都會用到皮質剝落或損壞才會淘汰。

二○○二年購於美國拉斯維加斯

DATA

● **咖啡皮質長靴**

品牌：Max. Co　約十三年

購買地點：一九九九年購於香港 Max. Co 專賣店

● **黑色 Muse 包**

品牌：YSL　約四年

購買地點：二○○八年購於新加坡 YSL 專賣店

● **咖啡錶帶大錶面錶**

品牌：勞力士　約十五年

購買地點：一九九七年購於新加坡錶店

小叮嚀

● YSL 的 Muse 包基本上用於出國，特別是歐美、日本；此外，這個包包利於放置資料，因此常於演講時使用。其他時間，用的機會較少，偶爾用於上班時，則為服裝需搭配此款風格。至於逛街看到類似風格的大包，絕對不會購買，因為一個就夠用，不過當包包狀況不佳時，有緣碰到，就會購入，以備不時之需。

這身裝扮我會用於搭飛機時，因為平底靴好穿、上衣沒有腰身、大衣不怕皺，看起來又有型；上機後又可直接放至收納櫃，也不怕變形，或可拿來當被蓋，所以選擇服裝時，真的得考量功能性，才不會穿一身漂亮衣服，卻不舒服、不自在，這樣就失去穿衣的樂趣了。

攝於二○○二年 美國紐約

DATA

● 黑鋪棉大衣

品牌：Max Mara　約十年

購買地點：二○○二年購於 Taipei 遠企購物中心 Max Mara 專賣店

● 黑短靴

品牌：Hogan　約十五年

購買地點：一九九七年購於英國倫敦精品店

保養建議

● 這種防水布料,雖然不怕雪也不怕雨,但建議有些雨水時,需放置陰涼處晾乾再吊掛收納。

● 每年冬天過後,需送至專業洗衣店乾洗再收納,以免溼氣、塵氣等侵蝕纖維,使布料變質,減短壽命。

小叮嚀

● 一件易搭不怕皺、不怕雨的外套,是衣櫥必備款。但台灣的氣候,使用大衣或鋪棉外套機會較不多,所以在購買時,應考量選擇易搭其他風格的服裝為首選,才是聰明的逛街高手。

因為工作及身體因素，現在的我基本上較不穿高跟鞋，而晚宴包，也不鉅額投資；Ferragamo 這個黑長方形小包（附圖於 P.162），其實是化妝包，但我用於晚宴包，在晚上外出用餐也經常使用。我習慣上班使用大包，方便收納工作時所需的物品；外出用餐時，則另帶小包置於大包內，而小包內的皮夾，則會用名片夾來符合小包的尺寸大小。我要求晚宴小包，空間需夠放置必需品，例如：長形口紅盒（內有不同顏色）、手機、面紙、女性用品等，所以無論你選擇何種包款，記得！購買合用的包款，才不致於包好看，但不好用，而不用它。

深藍長方形汽球包，用了四年後拉鍊裂開，找了一條類似的拉鍊換上，花了三百五十元。（附圖於 P.124）

DATA

● 暗紅絲披肩

品牌：Nigel Atkinson　約十五年

購買地點：一九九七年購於新加坡複合式精品店

● 黑牛津鞋

品牌：Ferragamo　約兩年

購買地點：二〇一〇年購於英國倫敦

● 小銀灰錶帶錶

品牌：Franck Muller　約十年

購買地點：二〇〇二年購於美國紐約

● 深藍長方形汽球包

品牌：Jil Sander　約五年

購買地點：二〇〇七年購於台北 Jil Sander 專賣店

保養建議

● 絲質服飾，建議請專業洗衣店處理，用過後，則需放置於透明袋內，以防蛀蟲。

小叮嚀

● 正式披肩，不需只用於正式場合，我就常把正式的圍巾或披肩，拿來混搭，用做上班配備，案例中的披肩，本來是用於晚宴搭配，但用的次數不多後，就把它當作一般披肩用，感覺很有成就感，披肩也感應到我的感受，扮演一個低調又出色的配角。

● 案例中的披肩，是兩種不同布料的組合，上層是薄透的絲，底層是厚的絲，所以在使用前，我會先抖動披肩，讓它在披上時更有蓬鬆感。

CASE 9

這件毛皮大衣，在購買時我就把它當成是我的禦寒毛毯！

它的觸感就像我在英國唸書時最心愛的一件毛毯，它雖然不是真的毛皮，但非常美觀又保暖；儘管回到台灣後幾乎都用不到它，可是不管穿幾次或穿多久，每一年我都會送去洗衣店乾洗，乾洗一次三百五十元，二十年共七千元。看起來是花了很多錢，但我認為很值得，因為我可能終生都沒有辦法再找到一件，像它這樣，穿起來舒服又不俗氣的大衣，所以在乾洗費用的投資是很划算的。況且這二十年來，即便不在台灣穿，也會在出國時派上用場，算算穿了居然不下三十次，所以投資報酬率還是成正比的。更何況近幾年因為氣候異常，台灣冬季溫度也比往年下降許多，一件高領毛衣，一條深色牛仔褲，搭配毛皮大衣、手拿包，晚餐的行頭就有了，真是既經濟又實用。

攝於一九九○年 瑞士 Villa

DATA

● 芋頭粉紅毛皮大衣

品牌：suziklo 約二十三年

購買地點：一九八九年購於英國倫敦 Whistle Boutique

● 黑高領毛衣

品牌：Dolce-Gabbana 約六年

購買地點：二○○六年購於新加坡

● 牛仔褲

品牌：Kenzo 約三年

購買地點：二○○九年購於 Taipei 101

● 黑短靴

品牌：CAREL 約一年

購買地點：二○一一年購於法國巴黎春天百貨公司

保養建議

● 外套或大衣，一年至少應該
送乾洗店乾洗一次。衣物送洗回
來的防塵塑膠套，應保留，但也
要時時檢查，若感覺濕黏需再更
換新的。

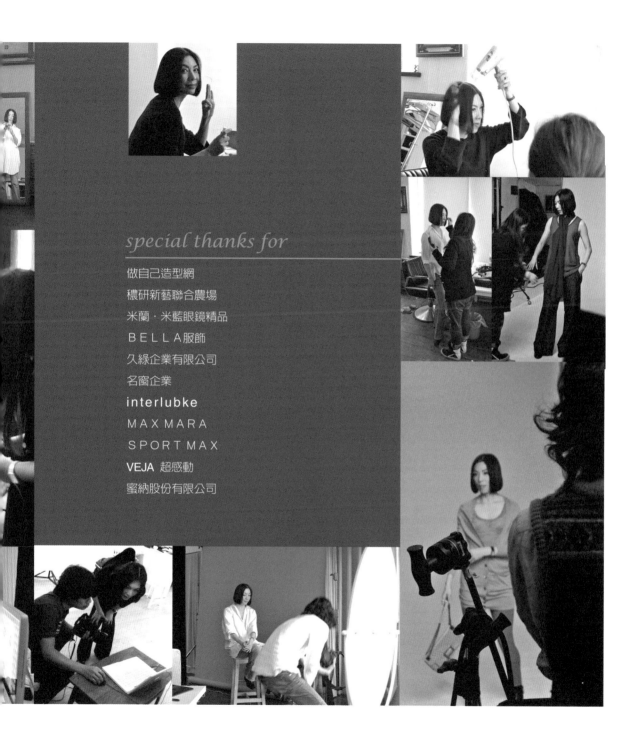

special thanks for

做自己造型網
稬研新藝聯合農場
米蘭・米藍眼鏡精品
ＢＥＬＬＡ服飾
久綠企業有限公司
名窗企業
interlubke
MAX MARA
SPORT MAX
VEJA 超感動
蜜納股份有限公司

身體文化 ⑪4

最美　我自信

作　　者—Judy 朱
主　　編—戴偉傑
責任編輯—楊佩穎
攝　　影—Ethan、林宗億
彩　　妝—姚純美、廖淑珮
美術設計—一目工作室
執行企劃—呂小弁
校　　對—Judy朱、楊佩穎、吳美滿
董 事 長—
　　　　　 孫思照
發 行 人—
總 經 理—莫昭平
總 編 輯—陳蕙慧
出 版 者—時報文化出版企業股份有限公司
　　　　　 10803台北市和平西路三段240號三樓
發行專線—（02）2306-6842
讀者服務專線—0800-231-705、（02）2304-7103
讀者服務傳真—（02）2304-6858
郵撥—1934-4724時報文化出版公司
信箱—台北郵政79～99信箱
時報悅讀網—www.readingtimes.com.tw
電子郵件信箱—ctliving@readingtimes.com.tw
第一編輯部臉書—http://www.facebook.com/readingtimes.1
時報出版流行生活線臉書—http://www.facebook.com/ctgraphics
法律顧問—理律法律事務所 陳長文律師、李念祖律師
印　　刷—鴻嘉彩藝印刷股份有限公司
初版一刷—2013年1月14日
初版二刷—2013年1月30日
定　　價—新台幣380元

國家圖書館出版品預行編目資料

最美，我自信/Judy朱著；
-- 初版. -- 臺北市：時報文化, 2013.1
　面；　公分. --（身體文化；114）

ISBN　978-957-13- 5686-0 （平裝）

1.女裝　2.衣飾　3.時尚

423.23　　　　　　　　　　　　101023272

ISBN　978-957-13-5686-0
Printed in Taiwan